Fred Warnke • Der Takt des Gehirns
Wie Sie Informationen schneller verarbeiten

Fred Warnke

Der Takt des Gehirns

Wie Sie Informationen schneller verarbeiten

VAK Verlag für Angewandte Kinesiologie GmbH
Freiburg im Breisgau

Die Deutsche Bibliothek – CIP-Einheitsaufnahme

Warnke, Fred:
Der Takt des Gehirns : wie Sie Informationen schneller
verarbeiten / Fred Warnke. - Freiburg im Breisgau :
VAK, Verl. für Angewandte Kinesiologie, 1995
ISBN 3-924077-71-1

© VAK Verlag für Angewandte Kinesiologie GmbH, Freiburg 1995
Lektorat: Michael Kurth
Umschlag: Hugo Waschkowski
Gesamtherstellung: Rombach GmbH Druck- und Verlagshaus, Freiburg
Printed in Germany
ISBN 3-924077-71-1

Widmung

Dieses Buch ist allen Wissenschaftlern und Therapeuten gewidmet, von denen ich teils persönlich und teils aus ihren Arbeiten wertvolle Hinweise und Anregungen gewonnen und in diesem Buch verarbeitet habe. Mein ganz besonderer Dank gilt dabei Herrn Prof. Dr. Ernst Pöppel, der dank seiner manchmal knappen, aber stets präzisen Antworten auf meine Fragen meine Kreativität herausgefordert und so auch stark beflügelt hat.

Fred Warnke   Wedemark, April 1995

Inhalt

Vorwort

Klickte es im linken Ohr zuerst oder im rechten? Blinkte das rechte Lämpchen zuerst oder war es das linke? Benutzer des handtellergroßen und mit einem Kopfhörer versehenen Gerätes wenden all ihre Konzentration auf, um mit geschärftem Sinn diese Entscheidung durch Knopfdruck zu treffen. Doch ist dies nicht reiner Selbstzweck wie bei Videospielen, sondern dient tatsächlich dem Training der grauen Zellen, hilft der beschleunigten Verarbeitung und Vernetzung von Hör- und Sehreizen in den Gehirnen von Menschen jeglichen Alters ab fünf Jahren aufwärts. Kennen Sie die "innere Taktfrequenz" Ihres Gehirns? Wußten Sie überhaupt schon, daß Ihr Gehirn nicht ständig fließend arbeitet, sondern in einer Taktfolge wie ein Computer? Können Sie sich vorstellen, daß diese innere Taktfrequenz Ihres Gehirns im Hörbereich von der im Sehbereich abweicht? Würden Sie sich wünschen, die Taktfrequenz Ihres Gehirns in allen Bereichen eher spielerisch zu verbessern? Antworten und Entscheidungshilfen zu all diesen Fragen gibt dieses Buch.

In unsere schnellebige Welt dürfte nämlich in nächster Zukunft ein neuer Begriff einziehen, die "Ordnungsschwelle". Im Englischen als "Order Threshold" bezeichnet, hat dieses interessante Phänomen in der internationalen Wissenschaft bis vor kurzem ein "eher randständiges Dasein" gefristet, wie einer ihrer deutschen Ersterforscher, Professor Ernst Pöppel von der Ludwig-Maximilian-Universität zu München, es unlängst formulierte. Tatsächlich hat sich jahrzehntelang weltweit nur eine Handvoll Wissenschaftler mit diesem Thema befaßt. Neuere Untersuchungen des Autors lassen erwarten, daß sich dies bald ändern wird, ja daß diese Änderungen schon begonnen haben. In diesem Buch wird die Ordnungsschwelle, also die innere Taktfrequenz unseres Gehirns, in allen Einzelheiten erläutert. Dabei beginnt der Autor mit den Gründen, die ihn zu seiner Forschungstätigkeit veranlaßt haben, stellt die bisherigen Erkenntnisse anderer Wissenschaftler dar, beschreibt die Auswirkungen einer abweichenden Taktfrequenz auf die unterschiedlichsten Menschen und präsentiert schließlich ein sehr genaues Verfahren zur Messung der Ordnungsschwelle sowie ein daraus von ihm abgeleitetes, patentiertes Trainingsverfahren zur Verbesserung der Ordnungsschwelle, also der erwähnten inneren Taktfrequenz des Gehirns.

Wie es zu diesem Buch gekommen ist

Seit mehreren Jahrzehnten befasse ich mich mit Problemen des Hörens im weitesten Sinne. Ganz im Anfang stand mein Versuch, möglichst vielen hörbehinderten Kindern zum Besuch einer Regelschule zu verhelfen. Etwa bis zum Jahre 1968 war es nämlich leider noch selbstverständlich, daß ein hörbehindertes Kind *nur* eine Sonderschule für Hörbehinderte besuchen konnte, weil es infolge seiner Hörprobleme selbst unter Benutzung guter Hörgeräte dem Unterricht in einer Regelschule nicht zu folgen vermochte. Heute ist es ebenso selbstverständlich, daß ein hörbehinderter Schüler, sofern sein betreuender Arzt es für angezeigt hält, von der Krankenkasse eine sogenannte "Drahtlose Mikroportanlage" finanziert erhält, mit deren Hilfe er seine Lehrer oft sogar besser versteht, als es seinen Mitschülern angesichts des Geräuschpegels in heutigen Schulklassen von etwa 50 dB(A) möglich ist: Der Lehrer hängt sich zu Beginn der Schulstunde einen leichten Sender um, und die hörbehinderte Schülerin bzw. der hörbehinderte Schüler trägt den zugehörigen Empfänger, der wiederum mit deren Hörgeräten verbunden ist. Mit Hilfe dieser Technik können inzwischen weltweit viele Zehntausende von hörbehinderten Schülern und Studenten dem Unterricht in Regelschulen und den Vorlesungen an Universitäten mühelos folgen. Die Idee für diese Lösung und ein gehöriger Teil ihrer Durchsetzung lagen in meinen Händen.

Danach habe ich mich den Problemen von Schülerinnen und Schülern mit Lese-Rechtschreib-Problemen zugewandt. Ich fand internationale wissenschaftliche Untersuchungen bestätigt, daß für viele von ihnen, wenn nicht sogar für alle, die eigentliche Ursache ihrer Schwierigkeiten beim Erlernen und Beherrschen der Schriftsprache in der *zentralen Hörverarbeitung* begründet liegt. Sie haben zwar keine Hörprobleme im herkömmlichen Sinne, indem sie also "hörbehindert" wären, sondern die Umsetzung des Gehörten in etwas Verstandenes arbeitet bei diesen Kindern und auch Erwachsenen anders als bei Gutschreibenden und -lesenden. Ich erfand eine Möglichkeit, vielen dieser Kinder durch ein besonderes Hörverarbeitungstraining zu einem leichteren und schnelleren Umgang mit Sprache zu verhelfen. Wer an Einzelheiten dieses Verfahrens interessiert ist, findet sie in meinem Buch "Was Hänschen nicht hört ...".

Schließlich habe ich mich mit dem Leiden von Menschen mit Ohrgeräuschen befaßt, die auch als "Tinnitus" bezeichnet werden. Immerhin müssen rund zwei Millionen Menschen allein in der Bundesrepublik unter häufigen oder ständigen Ohrgeräuschen leiden, die oftmals so belastend sind, daß die Betroffenen zu einem großen Teil vorzeitig berufs- oder gar arbeitsunfähig geschrieben werden müssen. Die bisherigen Heilungserfolgsquoten liegen international unter 10 %. Den übrigen Patienten konnten die Ärzte nur empfehlen, daß sie lernen müßten, mit ihrem Leiden zu leben. Mit einem neuartigen Hörtraining, das natürlich – meiner Grundeinstellung entsprechend – ohne jegliche Medikamente auskommt, konnte schon einem großen Teil der Betroffenen eine wesentliche Erleichterung bis zu vollständiger Abhilfe verschafft werden. Dieses Training beruht auf der Feststellung, daß Tinnitus fast immer in demjenigen Tonbereich auftritt, wo zuvor ein – oft unbemerkt gebliebener – Hörverlust entstanden ist. Nach meiner Annahme führt das dazu, daß im Gehirn die fehlenden Töne "erfunden" werden – ähnlich einem Phantomschmerz nach der Amputation von Gliedmaßen. Diese "Sehnsucht nach den verlorenen Tönen" erfüllt mein Hörtraining bei sehr vielen dieser Tinnitus-Leidenden.

Angesichts dieser Vorgeschichte wird es den Leser nicht verwundern, wenn ich hellwach wurde, als mich eine Sprachheilpädagogin auf den Begriff der "Ordnungsschwelle" aufmerksam machte, der auch mir bis dahin fremd gewesen war. Dieser Begriff hatte, so wurde mir recht bald klar, sehr viel mit der zentralen Verarbeitung von Sinnesreizen in unserem Gehirn zu tun. Nur schien er viel umfassender zu sein als meine gesamte bisherige Tätigkeit auf diesem Gebiet. Also begann ich zu prüfen, wie er in meine Vorerfahrungen hineinpassen würde und ob er vielleicht auch in neue Erfahrungen münden könnte. Wohl wissend, daß noch nicht alle neuen Ideen und Untersuchungen zur Ordnungsschwelle ausreichend empirisch erhärtet sind, habe ich mich entschlossen, das Buch *bereits jetzt* zu schreiben, damit möglichst viele weitere Fachleute, Praktiker, aber auch "Endgebraucher" sich ein eigenes Bild verschaffen, Anregungen für eigene Arbeiten daraus ableiten und sich so die Ordnungsschwelle nutzbar machen können.

1. Vom Schwinden der Sinne

Die Reizüberflutung

Dieselbe Sprachheiltherapeutin, der ich den Hinweis auf die Ordnungsschwelle verdanke, hatte mir auch davon berichtet, daß in ihrer Praxis seit einiger Zeit zunehmend Kinder erschienen waren, die sie – vielleicht etwas locker – als "Game-Boy-Opfer" bezeichnete: Manche dieser Kinder hatten wie aus heiterem Himmel zu stottern begonnen. Nach kurzer Prüfung kam sie zu dem Ergebnis, daß die Überflutung mit visuellen und auditiven Reizen, also mit Seh- und Hörreizen, bei diesen Video- und Computerspielen ohne die gleichzeitige Möglichkeit eines motorischen Ausgleichs seitens der so verbissen arbeitenden Kinder zu einem solchen emotionalen Stau führte, daß das Stottern nur *eine* Form des Abreagierens darstellte. Ihre erste therapeutische Maßnahme war ganz einfach: Sie bat die betroffenen Kinder, sie möchten ihr doch bis zur nächsten Therapiestunde in einer Woche solange ihren Game-Boy überlassen, damit sie ihn ebenfalls kennenlernen könne. Das erfreuliche Ergebnis war, daß die Symptome, also das Stottern, beim nächsten Besuch nach einer Woche schon deutlich nachgelassen hatten.

Aber das ist ja nicht alles an Reizüberflutung, was schon seit einigen Jahren auf unsere heranwachsende Generation hereinbrandet. Bereits im Jahre 1988 hat Professor H. Ising vom Institut für Wasser-, Boden- und Lufthygiene des Bundesgesundheitsamtes in Berlin eine sehr gründliche Studie des Hörvermögens an 4000 Jugendlichen in der Bundesrepublik vorgenommen. Und zwar wurde an diesen Jugendlichen genau zu Beginn ihrer Berufslaufbahn, nämlich bei ihrer Einstellungsuntersuchung, zunächst ihre sogenannte Hörschwelle präzise gemessen. Zu diesem Zeitpunkt konnte also noch keinesfalls eine berufsbedingte Beeinträchtigung ihres Hörvermögens vorliegen. Dennoch wurden bei etwa 2 % dieser Jugendlichen bereits Innenohr-Hörverluste, also Schwerhörigkeiten, von 30 dB oder mehr bei mindestens einer Frequenz zwischen 3.000 Hertz und 6.000 Hertz festgestellt. Das entspricht einer deutlich ausgeprägten Altersschwerhörigkeit, wie sie sonst erst bei etwa Sechzigjährigen auftritt! Dabei wurden aber nicht einmal angeborene oder krankheitsbedingte Hörverluste mit bekannter Genese, also bekannter Ursache bzw. Entstehungsgeschichte, einbezogen. Es mußte sich also um andere Einflußgrößen handeln.

Um diesen anderen Ursachen auf die Spur zu kommen, wurde besagten Berufsanfängern zugleich ein Fragebogen vorgelegt, in dem sie über ihre Musikhörgewohnheiten und möglichen Freizeitlärm befragt wurden. Dabei ergab sich ein deutlicher Zusammenhang zwischen den erwähnten Hörschäden und Musik sowie Lärmeinflüssen verschiedenster Art. An erster Stelle standen Schädigungen durch ein Knalltrauma, also vorzugsweise durch zu nahe am Ohr der Betreffenden explodierende Knallkörper vor allem zu Silvester oder andere starke, schlagartige Lärmeinflüsse. Aber nahezu gleichrangig wurden auch regelmäßige Disko thekenbesuche und Walkmen-Benutzung mit allzu hoher Lautstärke als Ursache dingfest gemacht. Professor Ising schätzt aufgrund dieser Untersuchung das Risiko einer Hörschädigung für einen durchschnittlichen Jugendlichen infolge seiner Musikhörgewohnheiten und der dabei auftretenden bzw. eingestellten Laut stärken so ein, daß bei fünfjähriger Beibehaltung bei 2 % bis 3 % aller Jugend lichen zumindest in Großstädten Hörverluste von 30 dB im kritischen, das heißt für das Sprachverständnis wichtigen Bereich zu erwarten sind.

Welche Lautstärken nun tatsächlich der Benutzer eines Walkman an seinem Ohr erzeugen kann, wollte die Physikalisch-Technische Bundesanstalt in Braun schweig, unser oberster Normenwächter, genau wissen. Sie beschaffte sich Anfang der neunziger Jahre siebzehn typische Walkman-Geräte nebst zuge hörigen Kopfhörern, daneben aber auch getrennte Walkman-Kopfhörer, die als besonders "hochwertig" galten – unter anderem wegen ihrer größeren erzielbaren Lautstärke. Unter Verwendung eines umfänglichen Meßgeräteparks wurde zunächst festgestellt, daß eine ganze Reihe der mit den Walkman-Geräten gelieferten Kopfhörer erhebliche Lautstärkeunterschiede zwischen den beiden Ohren aufwiesen. Das führt nach meiner Erfahrung in der Praxis dazu, daß Besitzer solcher Kopfhörer ihren Walkman dann eben um soviel lauter aufdrehen, daß auch das leisere Kopfhörersystem die "gewünschte" Lautstärke abgibt. Für den Benutzer bedeutet das aber, daß sein anderes Ohr eine noch viel höhere, schädliche Lautstärke erhält.

Damit aber nicht genug: Die von den gemessenen Walkman-Geräten abge gebenen Schalldruckpegel unter Verwendung der mitgelieferten Kopfhörer erreichten bei bis zum Anschlag aufgedrehten Lautstärkeeinstellern mühelos Impulsschalldruckpegel zwischen 96,8 dB und 103 dB. Wenn aber anstelle der mitgelieferten Kopfhörer die oben erwähnten "hochwertigeren" Kopfhörer verwendet wurden, dann ergaben sich sogar Impulsschalldruckpegel zwischen 107,0 dB und 110,1 dB. Betrachtet man diese Werte unter Berücksichtigung von Erfahrungen aus dem industriellen Lärmschutz, so läßt sich schlicht feststellen, daß bei den solcherart amtlich festgestellten maximal möglichen Schalldruckpegeln dieser Walkman-Geräte, wie Professor Peter Plath von der HNO-Abteilung der Ruhruniversität Bochum es unmißverständlich formulierte, "... schon eine tägliche Beschallung von etwa fünfzehn Minuten mit einem Geräuschpegel von 100 dB ausreicht, um nach wenigen Jahren einen bleibenden Gehörschaden zu riskieren".

Selbst wenn die Lautstärkeeinsteller der betreffenden Walkman-Geräte nicht voll aufgedreht wurden, sondern nur zu Zweidritteln, so wurden bei Verwendung der mitgelieferten Kopfhörer immer noch Impulsschalldruckpegel zwischen 82,1 dB und 91,1 dB gemessen, bei Verwendung der hochwertigeren Kopfhörer sogar von 90,4 bis 100,7 dB. Nach der im industriellen Bereich geltenden Unfallverhütungsvorschrift Lärm (UVV-Lärm) ist aber für jeden ganz normalen Mitarbeiter, der mehr als vier Stunden täglich einem Lärm von mehr als 85 dB(A) ausgesetzt ist, zwingend vorgeschrieben, einen geeigneten Gehörschutz zu tragen, um Hörschädigungen und damit auch unerwünschte Frühinvalidität zu vermeiden.

Welchen Lautstärken der Besucher einer Diskothek oder eines Rockkonzerts heute noch ausgesetzt ist, haben weitere Untersuchungen ergeben: Danach sind bei derartigen Veranstaltungen in der Nähe der Lautsprecher häufig Schalldruckpegel bis zu 120 dB(A) gemessen worden, selbst in größerer Entfernung aber immer noch Werte von 90 db(A) bis 100 dB(A). Die Angestellten, beispielsweise auch die Diskjockeys, müssen deshalb laut der erwähnten UVV-Lärm stets Gehörschützer tragen. Die Besucher natürlich nicht, obwohl ein zweistündiger Besuch pro Woche nach Expertenmeinung schon als gehörgefährdend anzusehen ist.

In der Deutschen Industrie Norm (DIN) 15 905, Teil 5, ist vorgesehen, daß in Diskotheken, Theatern, Mehrzweckhallen und Konzertsälen maximale Schalldruckpegel von 99 dB(A) zugelassen werden. Pegel über diesem Wert sollen durch ein rotes Leuchtzeichen (!) kenntlich gemacht werden, damit die Besucher auf die Gefahr einer Gehörschädigung aufmerksam gemacht werden. Haben Sie in einer Diskothek schon einmal eine solches rotes Warnlicht bemerkt? Und wenn ja, wurde es in irgendeiner Weise beachtet? Bedarf dieser Zynismus noch irgendeines Kommentars?

Psychomotorische Störungen

Der deutsche Rundfunk- und Fernsehjournalist Reinhard Kahl hat schon vor einigen Jahren in seiner unaufdringlichen und doch sehr eindringlichen Art immer wieder darauf hingewiesen, daß sich in der Sinneswahrnehmung und auch der Sinnesverarbeitung der jetzt heranwachsenden Generation deutliche Veränderungen abzuzeichnen beginnen, die er – und nicht nur er allein – für bedenklich bis bedrohlich hält. In seiner dreiviertelstündigen NDR-Sendung "Das Schwinden der Sinne", die gleich zweimal über die dritten Programme aller deutschen Fernsehanstalten lief, hat er zahlreiche Beispiele gebracht, um seine Auffassung zu belegen. Daraus nur einige besonders überzeugende Ausschnitte – ein erfahrener Grundschullehrer kommt mit folgendem Beitrag zu Wort:

> "Ich hab' diese Klasse seit der Vorschule. Dieser Schüler kam in die Vorschule, und am Ende der Vorschulklasse stellte ich erst fest, daß der Junge eigentlich nie *schaukelte*. Es gibt Kinder, die haben also im häuslichen Milieu so wenig Anregung bekommen gerade in diesem psychomotorischen Bereich, daß sie unter Umständen eingeschult werden, ohne jemals auf einer Schaukel gesessen zu haben. Nachdem er also ein psychomotorisches Förderprogramm durchlaufen hatte, wollte er nicht mehr von der Schaukel herunter. Ich kann nur feststellen, daß es einige Kinder in meiner Klasse gibt, die zuhause täglich mehr als neun (!) Stunden vor dem Fernsehen sitzen – ja, mehr als neun Stunden. Diese Kinder sind nicht mehr aufnahmefähig, sie verstehen keine Anweisungen, können regelrecht nicht mehr zuhören. Es ist feststellbar, daß Kinder, die Schwierigkeiten haben mit dem Lesenlernen, oft auch im psychomotorischen Bereich gestört sind ..."

Reinhard Kahl kommentiert dann selbst eine Bildfolge von Kindern im Hamburger Sozialpädiatrischen Zentrum, die sich – größtenteils erfolglos – bemühen, in einer großen, völlig freien Übungshalle rückwärts zu gehen:

> "Eine Reihe von Kindern aus dieser Klasse hat große Schwierigkeiten, rückwärts zu gehen, obgleich sie bereits seit zwei Jahren an diesem psychomotorischen Turnen teilnehmen. Sie können sich nicht ohne Hilfe ihrer Augen allein aus ihrem Gleichgewichtsgefühl heraus bewegen. Das wird an ihren Schwierigkeiten beim Rückwärtsgehen deutlich. Bei der Einschulung waren mehrere Kinder dieser Klasse völlig unfähig, sich rückwärts zu bewegen."

Die Leiterin dieses Sozialpädiatrischen Zentrums, Frau Dr. Inge Flehmig, meint dazu:

> "Wenn Kinder kein Gleichgewicht haben, dann haben sie auch Angst, nach hinten zu gehen, weil sie keine Augen haben, mit denen sie gegenregulieren können. Das ist also auch ein Selbsterhaltungstrieb, nach hinten laufen zu können ..."

In einer Fortbildungsveranstaltung berichtet ein Diplompsychologe von überraschenden und zugleich höchst beunruhigenden Erkenntnissen aus einer Untersuchung der Eigenunfallversicherung der Stadt Frankfurt. Sie konnte sich nicht erklären, warum sie jährlich pro tausend Kindergartenkinder 120 Unfälle registrieren mußte, die so schwer waren, daß der Arzt aufgesucht werden mußte. Diese Unfallquote lag noch wesentlich höher als in Industriebetrieben! Und dies, obgleich man doch an den Kindergartenmöbeln inzwischen schon fast alle Ecken rundgehobelt hatte und auch sonst die einschlägigen Unfallverhütungsvorschriften peinlichst zu beachten strebte. Der Experte:

> "Unsere Vermutung war, daß hier Mängel in der motorischen Entwicklung eine wichtige Rolle als Unfallauslöser spielten. Wir haben uns also den häufigsten Unfallablauf betrachtet: wenn Kinder nach vorne fallen und *überhaupt keine Abfangbewegung,* keine wirksame Abfangbewegung mehr ausführen. Hier kann man davon ausgehen, daß durch Bewegungsmangel dieser Kinder auch die wichtige Umsetzung von Unterhautgewebe in Fettgewebe unterblieben ist ..."

An dieser Stelle wird in den Fernsehbeitrag eine Übersicht im Rahmen der Untersuchung eingeblendet. Danach hatten – und das dürfte leider eher typisch sein für Kinder in ganz Deutschland – von den untersuchten Kindergartenkindern 60 % Haltungsschwächen oder Haltungsschäden, 30 % Übergewicht, 30 % bis 40 % motorische Auffälligkeiten bzw. Koordinationsschwächen. Immerhin eine erfreuliche Auswirkung war, daß die betroffene Versicherung nun Anleitungen zu Bewegungsübungen für Kinder anstelle von Sicherheitsvorschriften verbreitet. Denn, so folgerte der Versicherungsfachmann, Kinder müssen wieder fallen lernen. Nur beim Fallen lernen sie, sich aufzufangen.

Die Entdeckung der Langsamkeit

Dem deutschen Erfolgsautor Sten Nadolny verdanken wir unter anderem einen Bestseller, in dem er unter dem Titel "Die Entdeckung der Langsamkeit" auf den ersten Blick lediglich die Lebensgeschichte des englischen Seefahrers und Nordpolforschers John Franklin in einem typischen Seefahrer- und Abenteuerroman beschrieben zu haben scheint. Doch in Wirklichkeit hat Nadolny aus diesem Lebenslauf eine feinsinnige Studie über die Zeit und die Geschwindigkeit oder Langsamkeit der menschlichen Wahrnehmung entstehen lassen:

Schon von Kindheit an träumt John Franklin davon, zur See zu fahren, obwohl er dafür denkbar ungeeignet ist; denn er ist langsam im Sprechen, Sehen und Denken, langsam in seinen Reaktionen, und er mißt die Zeit in seinen eigenen Maßstäben. Tatsächlich hat Sten Nadolny mit unerhörtem Einfühlungsvermögen und in allen vorstellbaren Details einen Menschen beschrieben, dessen *innere Taktfrequenz* zur Verarbeitung von Sinnesreizen im auditiven, visuellen und motorischen Bereich offenbar extrem niedrig liegt. Vielleicht ist der Erfolg dieses Buches auch darauf zurückzuführen, daß sich manche Leser darin wiedergefunden haben. Was mit der *inneren Taktfrequenz* des Menschen gemeint ist, wird im Detail im Kapitel 5 dargestellt werden. Hier seien zur Einstimmung nur einige typische Merkmale des Helden dieses Buches, John Franklin, beschrieben:

"John Franklin war schon zehn Jahre alt und noch immer so langsam, daß er keinen Ball fangen konnte. Er hielt für die anderen die Schnur. Vom tiefsten Ast des Baumes reichte sie herüber bis in seine emporgestreckte Hand. Er hielt sie so gut wie der Baum, er senkte den Arm nicht vor dem Ende des Spiels. Als Schnurhalter war er geeignet wie kein anderes Kind in Spilsby oder sogar in Lincolnshire ..."

"Dem Spiel konnte John nicht folgen, also nicht Schiedsrichter sein. Er sah nicht genau, wann der Ball die Erde berührte. Er wußte nicht, ob es wirklich der Ball war, was gerade einer fing, oder ob der, bei dem er landete, ihn fing oder nur die Hände hinhielt. Er beobachtete Tom Barker. Wie ging denn das Fangen? Wenn Tom den Ball längst nicht mehr hatte, wußte John: Das Entscheidende hatte er wieder nicht gesehen. Fangen, das würde nie einer besser können als Tom, der sah alles in einer Sekunde und bewegte sich ganz ohne Stocken, fehlerlos ..."

"Die anderen Schüler waren mit allem rasch fertig und merkten sofort, wenn einer nachklappte. Namen nannten sie stets nur einmal. Fragte er nach, dann buchstabierten sie. Beim schnellen Buchstabieren kam er schlechter mit als beim langsamen Sprechen. Die Ungeduld der anderen aushalten ..."

Manches von dem, was ich über John Franklin las, erinnerte mich an bestimmte Auffälligkeiten bei den von mir bisher betreuten legasthenen Kindern. Manches erinnerte mich sogar an die wenigen Autisten, mit denen ich bis dahin in Berührung gekommen war. Gelegentlich beschlich mich die Vermutung, daß Sten Nadolny nur dadurch in der Lage gewesen sein könnte, seinen Helden John Franklin so wirklichkeitsnah zu schildern, weil er selbst oder jemand in seiner unmittelbaren Nähe genau diese Symptome oder Auffälligkeiten aufwies. Doch nun, nach dieser Einstimmung, zu unserem eigentlichen Thema, der Ordnungsschwelle.

2. Was ist überhaupt die "Ordnungsschwelle"?

Bevor wir uns mit dieser Frage in der gebührenden Gründlichkeit befassen können, sollten wir einige Grundlagen unserer Verarbeitung von Sinnesreizen kennenlernen oder uns in Erinnerung rufen. Nehmen wir als typisches Beispiel für all unsere fünf Sinnesbereiche das Hören: Der Hörvorgang jedes Menschen gliedert sich in zwei besonders gut unterscheidbare Abschnitte. Als "peripheres Hören" bezeichnen die Wissenschaftler die Fähigkeit, Töne, Klänge und Geräusche überhaupt wahrzunehmen. Doch erst in der "zentralen Hörverarbeitung" unseres Gehirns werden die vom peripheren Hören gelieferten Signale in sinnvolle Informationen umgesetzt. Ein einwandfreies peripheres *und* zentrales Hören benötigen wir aber nicht nur für das Verstehen dessen, was ein anderer spricht, also "fremder Lautsprache", sondern ebenso zur Kontrolle der eigenen aktiven Lautsprache:

Ein Taubstummer ist meist nur deshalb stumm, weil er taub ist; ein Hörbehinderter hat Schwierigkeiten bei der deutlichen Aussprache von Zisch- und Reibelauten, weil er deren feine Unterschiede in der Frequenzstruktur selbst über die besten Hörgeräte nicht deutlich genug wahrzunehmen vermag. Dabei muß auch beim eigenen Sprechen die *zeitliche Abtastrate* dieser stetigen Kontrolle mit der Sprachproduktion ständig synchronisiert sein, um mit ihr Schritt zu halten. Und genau bei dieser zeitlichen Abtastrate nähern wir uns dem Begriff der Ordnungsschwelle:

Die Ordnungsschwelle ist diejenige Zeitspanne, die zwischen zwei Sinnesreizen mindestens verstreichen muß, damit wir sie getrennt wahrnehmen und in eine zeitliche Reihenfolge, also in eine Ordnung, bringen können.

Diesen Satz sollten Sie sich noch einmal auf der Zunge zergehen lassen. Falls Sie ihn nicht gleich verstanden haben, ist es meine Aufgabe, ihn jetzt mit Beispielen so anzureichern, daß Sie ihn letztlich voll verstehen werden. Dazu ziehen wir wiederum ein Beispiel aus dem Hörbereich des Menschen heran: Sie hören sich in Gedanken das Wort "tickt" an. Es dauert knapp eine halbe Sekunde, wie Sie auch aus der nebenstehenden Abbildung erkennen können. Aber schauen

Sie gut hin: Die einzelnen Laute dieses Wortes sind auf diese 450 Millisekunden beileibe nicht gleichmäßig verteilt. Das anlautende **t** dauert etwa 50 Millisekunden und geht zügig in das anschließende **i** über, das ebenfalls fast 50 Millisekunden dauert. Dann kommt eine echte Pause von 100 Millisekunden! Das nun erscheinende **ck** – natürlich gesprochen wie ein **k** – dauert ebenfalls wieder etwa 50 Millisekunden, und die nächste Pause wiederum fast 100 Millisekunden. Das auslautende **t** verbraucht dann die restlichen 100 Millisekunden. Da Sie in diesem Beispielwort die Länge von gleich drei sogenannten Explosiv- oder Verschluß-lauten, also den kürzesten Lauten überhaupt kennengelernt haben, werden Sie mir glauben, daß es keine Laute gibt, die kürzer sind als etwa 50 Millisekunden.

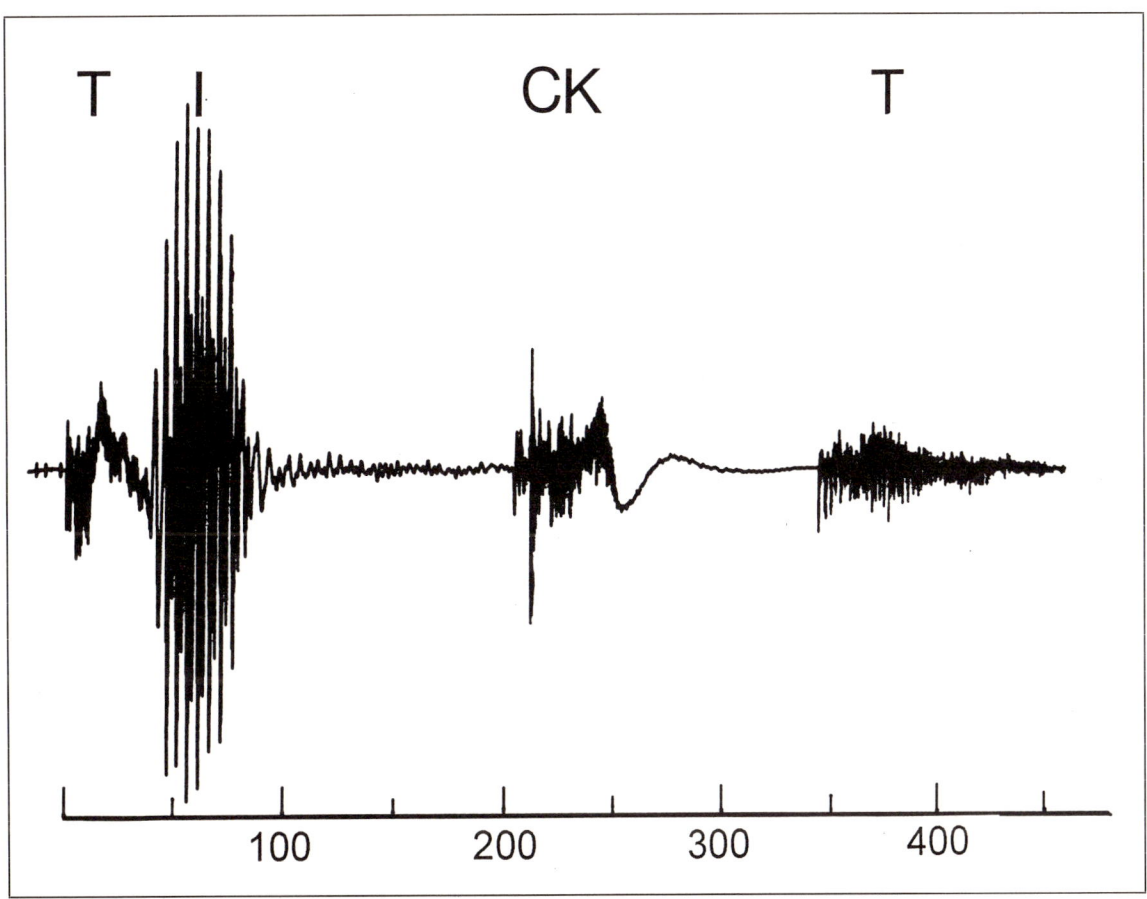

*Die ungleichmäßige Lautverteilung des Wortes **tickt**, dessen Aussprache etwa 450 Millisekunden in Anspruch nimmt.*

Und genau darauf ist auch unser Empfangstakt im Hörbereich abgestimmt. Beim Hören von Sprache – übrigens auch von Musik – entnimmt unsere zentrale Hörverarbeitung dem stetigen Fluß des heranschwingenden Schalls nur etwa drei-ßigmal pro Sekunde gewissermaßen eine Probe, die – nach dem obigen Beispiel mit dem Worte **tickt** – ja auch völlig zum Erkennen des einzelnen Lautes ausreicht. Da wir nicht schneller artikulieren können als oben dargestellt, also mit rund 50 Millisekunden für die kürzesten Laute, wäre es unnötiger Aufwand, wenn unsere zentrale Hörverarbeitung den Schall schneller verarbeiten würde, als er produziert wird. Diese Taktfrequenz im Hörbereich liegt also bei gesunden Erwachsenen bei etwa 30 Takten pro Sekunde, die Dauer eines Taktes von etwa 33 Millisekunden bezeichnet man als "auditive Ordnungsschwelle".

Diese Rechnung sollte ich vorsorglich etwas ausführlicher darstellen: Wenn sich 30 Takte gleichmäßig auf eine Sekunde verteilen, die wiederum aus 1.000 Millisekunden besteht, so können wir einfach, um die Dauer eines Taktes zu errechnen, 1.000 durch 30 teilen. Das ergibt 33,3 Millisekunden. Umgekehrt können wir, um bei festgestellter Dauer der Ordnungsschwelle in Millisekunden die Anzahl der Takte pro Sekunde zu errechnen, wir die 1.000 Millisekunden, aus denen eine Sekunde besteht, durch – neues Beispiel mit einem Traumwert – 20 Millisekunden teilen. Das ergäbe eine Frequenz von 50 Takten pro Sekunde oder 50 "Hertz".

Oder ein weiteres Beispiel, diesmal aus dem Sehbereich: Nehmen Sie einmal an, Sie stünden am Rande einer stark befahrenen Autobahn, beispielsweise auf einem Rastplatz, und sähen dem Verkehr zu. Während Sie einen Porsche mit einer Geschwindigkeit von, sagen wir, 180 km/h herannahen sehen und ihn im Vorbeifahren verfolgen, glauben Sie sicherlich, ihn ständig zu sehen, gewissermaßen jeden Millimeter genau zu verfolgen. Weit gefehlt! Tatsächlich "sehen" Sie das Fahrzeug nur etwa alle anderthalb Meter einmal, also die erwähnten dreißigmal pro Sekunde. Die dazwischenliegenden Abschnitte gleicht Ihre zentrale Sehverarbeitung stetig aus, sie täuscht Ihnen eine stetige Bewegung des Fahrzeugs vor. Wenn unsere Augen und unsere zentrale Sehverarbeitung nicht so arbeiten würden, wären Kinofilm und Fernsehen gar nicht möglich, die ja sogar nur mit 24 bzw. 25 *starren Bildern* pro Sekunde arbeiten und doch mittels deren Abfolge in unserer Vorstellung die Illusion einer stetigen Bewegung erzeugen. Diese Taktfrequenz im Sehbereich liegt nämlich bei gesunden Erwachsenen ebenfalls bei etwa 30 Takten pro Sekunde, die Dauer eines solchen Taktes von etwa 33 Millisekunden bezeichnet man als "visuelle Ordnungsschwelle".

Es gibt also eine auditive Ordnungsschwelle, das heißt im Hörbereich, und eine visuelle Ordnungsschwelle, das heißt im Sehbereich. Gibt es vielleicht auch eine taktile Ordnungsschwelle, also eine Ordnungsschwelle im Fühlbereich? Ja, wenn Sie beispielsweise zügig mit dem Zeigefinger der einen Hand den Unterarm der anderen Hand herunterstreichen, glauben Sie wieder, eine stetige Bewegung wahrzunehmen. Tatsächlich aber ist auch Ihre Ordnungsschwelle im Fühlbereich so beschaffen, daß sie in "Häppchen" auswertet und für Sie die Illusion einer stetigen Bewegung erzeugt.

3. Weshalb hat die Wissenschaft bisher kaum über die Ordnungsschwelle berichtet?

Die Frage, weshalb die Wissenschaft bisher kaum über die Ordnungsschwelle berichtet hat, stellte ich mir zum erstenmal, nachdem ich die sonst sehr ergiebige Datenbank MEDLINE an der Medizinischen Hochschule Hannover unter "Order Threshold", dem natürlich englischsprachigen Suchbegriff für Ordnungsschwelle, angezapft hatte und in dem Zeitraum von 1966 bis 1994, also in fast dreißig Jahren internationaler wissenschaftlicher Arbeit, genau zwei (!) Nennungen gefunden hatte. Nur um einen Vergleich zu ermöglichen: In demselben Zeitraum finden sich unter dem Suchbegriff "Dyslexia", dem englischen Wort für Legasthenie, insgesamt 2940 Nennungen. Aber damit nicht genug:

In seinem wirklich lesenswerten Buch "Grenzen des Bewußtseins" widmet Professor Ernst Pöppel, der sich überhaupt wohl am gründlichsten mit der Ordnungsschwelle befaßt hat, diesem Begriff genau sechseinhalb von insgesamt 190 Seiten. Er erläutert ihn darin ebenso gründlich, wie auch Sie es im vorigen Kapitel "Was ist überhaupt die Ordnungsschwelle?" vorgefunden haben. Aber auf meine an ihn gerichtete Frage, ob ihm – neben den von ihm in seinem Buch genannten Aphasikern – weitere Gruppen von Menschen bekannt seien, die eine verlangsamte Ordnungsschwelle haben, mußte er verneinen. (Aphasiker sind Menschen, die nach einem linksseitigen Gehirnschlag oder einer linksseitigen Hirnverletzung ihr Sprachvermögen teilweise oder vollständig eingebüßt haben.) Erst mit einiger Mühe gelang es mir, die im Kapitel 5 benannten weiteren Arbeiten aufzutun und teilweise auch mit deren Autoren in Verbindung zu treten.

Was mag der Grund für diese, wie Professor Pöppel es formulierte, "bisher eher randständige" Behandlung der Ordnungsschwelle in der internationalen Wissenschaft sein? Ich vermute, daß dabei folgende Verknüpfung eine bedeutende Ursache sein dürfte: Die meisten bisher auf den unterschiedlichsten Gebieten, vor allem auf dem Gebiete der Medizin erarbeiteten wissenschaftlichen Erkenntnisse haben sich nach meist recht kurzer Zeit in Fortschritte für Gruppen von Menschen oder für die ganze Menschheit umsetzen lassen. Bei der Ordnungsschwelle scheint bis 1994 – außer den im Kapitel 5 erwähnten Arbeiten

– bisher kein weiterer Wissenschaftler auf einen Gedanken gekommen zu sein, wie sie sich überhaupt nutzbringend für Menschen anwenden ließe. Sie hatte gewissermaßen nur beschreibenden Charakter für bestimmte Abläufe unserer Gehirnfunktionen, vielleicht entfernt vergleichbar mit der Feststellung, daß jeder gesunde Mensch zwei Arme und zwei Beine hat. Der im nachhinein naheliegende Gedanke, die Ordnungsschwelle könne bei manchen Menschen stark von den bisher ermittelten Werten abweichen und damit könne ein Trainingsbedarf entstehen, scheint nur *zweimal*, und zwar in bezug auf die oben erwähnten Aphasiker und sprachauffällige Kinder, entstanden zu sein.

Wenn diese Annahme zutrifft, dürfen wir das den so denkenden Wissenschaftlern nicht einmal vorwerfen. Allein die Auflistung der vielen ungelösten Probleme, die auf die Bearbeitung durch hochkarätige Wissenschaftler warten, würde den Rahmen dieses Buches bei weitem sprengen. Vielleicht kann dieses Buch jedoch den einen oder anderen Forscher anregen, die anstehenden Aufgaben anzugehen. Erfreulicherweise haben einige schon damit begonnen ...

4. Wie konnte die Ordnungsschwelle bisher gemessen werden?

Etwa bis zum Ende des Jahres 1993 gab es in Deutschland vermutlich höchstens ein halbes Dutzend Wissenschaftler, die überhaupt Zugriff zu einer Einrichtung besaßen, um die Ordnungsschwelle messen zu können. Die meisten von ihnen saßen im Raume München, beispielsweise die Professoren Ernst Pöppel, Gerd Kegel und Nicole v. Steinbüchel sowie Dr. J. Ilmberger. Serienmäßig industriell gefertigte Geräte zum Messen der Ordnungsschwelle gab es aber nicht. Soweit die genannten Wissenschaftler oder auch andere die auditive und die visuelle Ordnungsschwelle messen wollten, mußten sie sich dazu entweder eines eigens für diesen Zwecke angefertigten Gerätes oder eines dafür gestalteten und geschriebenen Computerprogramms bedienen.

Eines der ersten Geräte – möglicherweise sogar *das* erste – trug die anspruchsvolle Bezeichnung "Zeitwahrnehmungs-Analysegerät" und erlaubte es, über einen dreistufigen sogenannten Dekadenschalter die Verzögerungszeit zwischen zwei aufeinanderfolgenden Klickgeräuschen, die über einen angeschlossenen Stereokopfhörer wahrzunehmen waren, zwischen 1 und 999 Millisekunden in Stufen von einer Millisekunde einzustellen. Mittels zweier getrennter Tasten konnte der Versuchsleiter wahlweise entweder den linken oder den rechten Klick als ersten auslösen; der andere folgte dann im eingestellten Zeitabstand.

Zum Messen der auditiven Ordnungsschwelle, also der Ordnungsschwelle im Hörbereich, erhielt die Testperson den Kopfhörer aufgesetzt. Der Versuchsleiter erklärte ihr, daß sie gleich in diesem Kopfhörer zur Rechten und zur Linken dicht nacheinander zwei Klickgeräusche hören werde. Sie sollte dann angeben, welchen der beiden Klicks sie als ersten gehört zu haben glaubte. Danach würden immer wieder neue Klickpärchen zu hören sein, bei denen die Testperson jedesmal neu entscheiden sollte, welcher der beiden Klicks als erster zu hören war. Wenn die Testperson diesen Ablauf verstanden hatte, löste der Versuchsleiter elektronisch das erste Klickpärchen aus. Auf die Reihenfolge der beiden Klicks, ob also der linke oder der rechte Klick zuerst ertönte, sollte der Versuchsleiter dabei eigentlich keinen Einfluß haben. Diese Reihenfolge sollte vielmehr durch einen in die Testapparatur bzw. in den Computer eingebauten Zufallsgenerator bestimmt werden. Nur so ließ sich zuverlässig vermeiden, daß der Versuchsleiter – und sei es unbewußt – ein bestimmtes Reihenfolgemuster in die Klickfolge hineinbrachte, das von der Testperson erkannt werden konnte. Bei dieser ersten Apparatur, die noch keinen Zufallsgenerator besaß, behalfen sich die Wissenschaftler mit einer zufallsähnlichen Tabellenreihenfolge, die vorher erstellt worden war.

Hatte die Testperson das erste Klickpärchen gehört, so gab sie zu erkennen, auf welchem Ohr sie den ersten Klick gehört zu haben glaubte. Der Versuchsleiter notierte in der Regel nur, ob die Antwort zutreffend war, und gab der Testperson das Ergebnis nicht bekannt. Vielmehr löste er nun das nächste Klickpärchen mit einem anderen Zeitabstand zwischen den beiden Klicks aus. Die Reihenfolge der beiden Klicks war wiederum zufallsbestimmt, so daß es durchaus vorkommen konnte, daß sie mit dem vorigen Klickpärchen übereinstimmte. Wieder gab die Testperson an, auf welchem Ohr sie den ersten Klick gehört zu haben glaubte. Wieder hielt der Versuchsleiter das Ergebnis fest. So wurde über einen gewissen Zeitraum mit ständig wechselnden Klickabständen und der weiterhin zufallsgesteuerten Klickreihenfolge ermittelt, bei welchem Zeitabstand zwischen den beiden Klicks die Testperson eine Trefferquote von 80 % erzielte. Ein typisches Protokoll eines solchen Versuchsablaufs ist auf der nächsten Seite abgebildet. Der erwähnte Klickabstand mit der Trefferquote von 80 % gilt dann als die auditive Ordnungsschwelle der betreffenden Testperson. Sie lag bei der Mehrzahl der gesunden Testpersonen im Bereich zwischen 20 und 40 Millisekunden.

Bei der Erläuterung, wie die visuelle Ordnungsschwelle, also die Ordnungsschwelle im Sehbereich, gemessen wird, kann ich mich kürzer fassen, da sie in wesentlichen Einzelheiten mit dem oben geschilderten Ablauf der Messung der auditiven Ordnungsschwelle übereinstimmt. Der Testperson wurde nämlich hier vor Beginn der Versuchsreihe erklärt, daß sie gleich zwei vor ihr in einem geringen Abstand nebeneinander befindliche Leuchtdioden nacheinander würde aufblitzen sehen. Genau auf halbem Wege zwischen diesen beiden Leuchtdioden befand sich ein sogenannter *Fixationspunkt*, also eine Markierung, die von der Testperson fixiert werden sollte, damit in gleichem Abstand links und rechts davon die beiden Leuchtdioden gleichermaßen im Bereich scharfen Sehens lagen. Ebenso wie beim Feststellen der auditiven Ordnungsschwelle sollte die Versuchsperson nun bei jedem Blitzpärchen angeben, auf welcher Seite sie den ersten Blitz gesehen zu haben glaubte.

Ordnungsschwellen-Gruppentest

Teilnehmer ...*Kurt Menke*...   Datum: ...*11. 12.*... 19*94*.

ms	1	2	3	4	5	6	7	8	9	10	%
150	L	R	L	L	R	L	R	R	L	R	100
140											
130											
120	R	R	L	R	L	L	R	L	L	R	100
110											
100	L	L	R	L	R	R	L	R	R	L	100
90											
80	R	R	L	L	R	L	L	R	L	R	100
70											
60	L	R	R	R̶	L	L	R	L	R	R	90
50											
40	R	L	R	X̶	L	L	R	L	X̶	L	80
35											
30	R	R̶	L	R̶	X̶	R	X̶	L	R	L	60
25											
20											

Ein typisches Protokoll eines Versuchsablaufs, bei dem über einen gewissen Zeitraum mit ständig wechselnden Klickabständen und einer zufallsgesteuerten Klickreihenfolge ermittelt wurde, bei welchem Zeitabstand zwischen zwei Klicks die Testperson eine Trefferquote von 80 % erzielte.

Der weitere Ablauf entsprach genau der Feststellung der auditiven Ordnungsschwelle, das heißt der Versuchsleiter stellte letztlich mit seiner Protokollierung fest, bei welchem Abstand der beiden Lichtblitze die Testperson die schon erwähnte Trefferquote von 80 % erreichte. Dieser Zeitabstand stellte dann die visuelle Ordnungsschwelle dieser Versuchsperson dar. Sie lag bei der Mehrzahl der gesunden Testpersonen ebenfalls zwischen 20 und 40 Millisekunden.

Aus den vorstehenden Beschreibungen ist wohl schon zu erkennen, daß dieser Ablauf vom Versuchsleiter noch mehr als von der Testperson ein hohes Maß an Konzentration verlangte und eine hohe Belastung darstellte. Vielleicht ist dies einer der Gründe dafür, daß das Feststellen der Ordnungsschwelle aus dem Bereich der Wissenschaft, also von den Universitäten, erst jetzt seinen Weg in die Praxen von HNO-Ärzten, Kinderärzten, Ergotherapeuten, Legasthenietherapeuten, Logopäden, Sprachheilpädagogen und Sprachheiltherapeuten zu finden beginnt. Sicher war eine wichtige Voraussetzung für diesen "Transfer", für diesen Übergang von der Wissenschaft in die Praxis, auch der Umstieg auf eine halbautomatische Meßmethode zum Feststellen sowohl der auditiven als auch der visuellen Ordnungsschwelle in *einem* Gerätekonzept mit drei verschiedenen Ausführungen, wie sie im Kapitel 7 ausführlich beschrieben werden.

Bei dieser Meßmethode, soviel sei hier schon vorausgeschickt, bedarf es nicht mehr notwendigerweise eines Versuchsleiters, sondern die Messung der Ordnungsschwelle kann mühelos – und natürlich auch gefahrlos – im Selbstversuch vorgenommen werden. Die im nächsten Kapitel geschilderten Aussagen der Wissenschaft über die Ordnungsschwelle dagegen basieren auf Untersuchungen und Tests, die wohl alle noch mühsam "von Hand" durchgeführt wurden, also jeweils mit einem oder manchmal sogar mit mehreren Versuchsleitern.

5. Was sagt die Wissenschaft über die Ordnungsschwelle?

Nachdem wir nun eine gewisse Vorstellung davon gewonnen haben, weshalb die Wissenschaft bisher erst so spärlich über die Ordnungsschwelle berichtet hat, sollten wir uns jetzt den vergleichsweise wenigen, dafür aber um so interessanteren Veröffentlichungen vor allem deutscher Wissenschaftler aus den letzten Jahren zuwenden, in denen auch ich weitgehend die Grundlagen für meine Untersuchungen und für die Erfindung des möglichen Trainings der Ordnungsschwelle gefunden habe.

Es ist wohl kein Zufall, daß alle vier Arbeiten, die in den folgenden Kapiteln beleuchtet werden, von Wissenschaftlern in München stammen. Offenbar ist es dem deutschen Vordenker der Ordnungsschwelle, Professor Ernst Pöppel, gelungen, im Kreise seiner Kollegen und Mitarbeiter ein solches Maß an Interesse und Begeisterung für dieses Thema zu wecken, daß mehrere von ihnen – zum größten Teil völlig eigenständig – eigene Ideen entwickelt, wissenschaftlich untersucht und die Ergebnisse selbst dann veröffentlicht haben, wenn sich zunächst noch keine unmittelbare praktische Nutzanwendung – auch wohl wegen der Umständlichkeit des ursprünglichen Meßverfahrens – daraus ableiten ließ. Also beginnen wir mit der nach meiner Auffassung wichtigsten Arbeit aus der Frühzeit der Ordnungsschwelle, und das ist immerhin das Jahr 1986.

Entdeckung der Taktfrequenz durch Dr. J. Ilmberger

Wir erinnern uns an den Satz, der am kürzesten und zugleich am treffendsten definiert, was wir uns unter der Ordnungsschwelle vorstellen sollen:

Die Ordnungsschwelle ist diejenige Zeitspanne, die zwischen zwei Sinnesreizen mindestens verstreichen muß, damit wir sie getrennt wahrnehmen **und** *in eine zeitliche Reihenfolge, also in eine Ordnung, bringen können.*

Außerdem wissen wir inzwischen, wie die Ordnungsschwelle in jenen frühen Tagen gemessen wurde, als vor allem deutsche Wissenschaftler begannen, sich mit ihr zu befassen. Welche übergreifende Funktion die Ordnungsschwelle für zahlreiche Hirnfunktionen – wahrscheinlich sogar für *alle* Hirnfunktionen – haben dürfte, hat Dr. J. Ilmberger in einem raffiniert ausgedachten und durchgeführten Versuch nachgewiesen:

Es handelte sich um einen Reaktionstest mit einer Wahlmöglichkeit, an dem zehn Versuchspersonen teilnahmen. Die Versuchspersonen wurden angewiesen, so schnell wie möglich eine von zwei vor ihnen angebrachten Tasten in Abhängigkeit davon zu betätigen, ob sie im Kopfhörer einen hohen Ton von 2.500 Hertz oder einen tiefen Ton von 200 Hertz wahrnahmen. Es handelte sich bei diesem Versuch also, um das noch einmal ausdrücklich zu betonen, *nicht* um die Messung der Ordnungsschwelle, sondern um das *Messen von Reaktionszeiten* unter den beschriebenen Umständen. Es dürfte einleuchten, daß bei diesem komplizierteren und mit einem Entscheidungsprozeß verbundenen Aufgabenablauf wesentlich längere Zeiten benötigt wurden, als sie der Ordnungsschwelle entsprachen. Diese längeren Zeiten lagen typischerweise in der Größenordnung von etwa 200 Millisekunden, also einem Vielfachen der Ordnungsschwelle von gesunden Erwachsenen, die bekanntlich 20 bis 40 Millisekunden beträgt.

Ebenso klar dürfte es sein, daß die Zeiten ein und derselben Versuchsperson bei den zahlreichen aufeinanderfolgenden Einzelversuchen nicht genau miteinander übereinstimmten. Bei dem *einen* Versuch ist die Versuchsperson halt etwas schneller, beim *nächsten* Versuch vielleicht etwas langsamer. Üblicherweise jedoch ergibt sich bei vergleichbaren Aufgaben eine ziemlich regelmäßige Verteilung um einen besonders häufig vorkommenden Wert. Diese Verteilung wird von den Mathematikern als "Gaußverteilung" bezeichnet. Eine derartige Kurve hat etwa die Form einer Glocke mit einem höchsten Punkt, von dem nach beiden Seiten ein zunächst flacher und dann immer steilerer Abfall zu erkennen ist. Wurden aber die Ergebnisse der Versuchspersonen in diesem Test des Dr. Ilmberger zueinander in Beziehung gesetzt, so ergab sich *nicht* die erwartete gleichmäßige Gaußverteilung um einen Mittelwert, sondern es entstand das Balkendiagramm in dem nebenstehenden Bild mit *mehreren* getrennten Höchstwerten. Und nun kommt das auch für Sie bestimmt Überraschende.

Diese Höchstwerte haben nämlich, wie in dieser Abbildung deutlich zu erkennen ist, voneinander recht genau den zeitlichen Abstand der Ordnungsschwelle *dieser* Versuchsperson, die zuvor in einem getrennten Ablauf auf die beschriebene Weise (Seite 29) gemessen worden war. Die Versuchspersonen des Dr. Ilmberger hatten also ihre Entscheidungen nur entlang einem vorgegebenen Zeitraster treffen können! Dr. Ilmberger zieht daraus den Schluß,

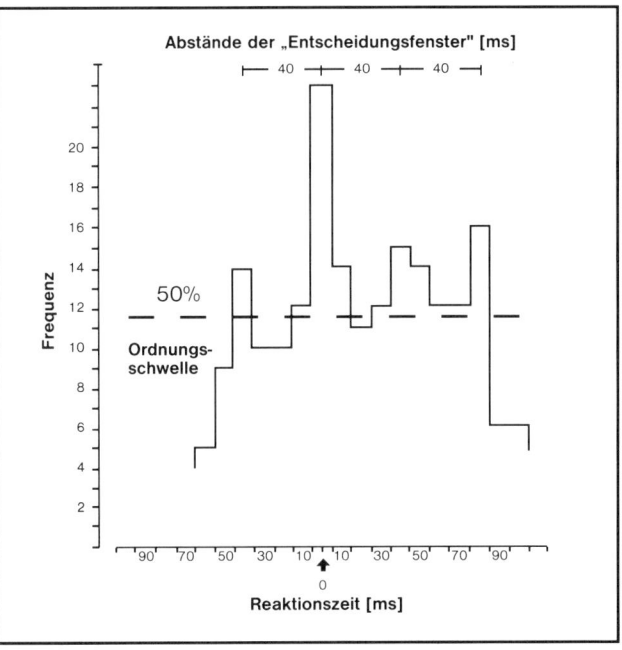

der auch von Prof. Pöppel unterstützt wird, daß nämlich die Entscheidungssituation in unserem Gehirn durch einen oszillatorischen, also schwingenden Prozeß gesteuert werden, dessen *Grundfrequenz* die Ordnungsschwelle darstellt. Wenn also bei dem eben geschilderten Versuch des Dr. Ilmberger eine Versuchsperson ein Entscheidungsfenster gewissermaßen verpaßt hatte, mußte sie innerlich erst das nächste Entscheidungsfenster abwarten. Prof. Pöppel stellt dazu in der ihm eigenen Weise in seinem Buche "Die Grenzen des Bewußtseins" treffend fest:

"Ist die Zeit eigentlich kontinuierlich oder 'gequantelt'? In unserer geläufigen Vorstellung ist die Zeit vermutlich – ich nehme an, dies gilt für die meisten – kontinuierlich. Aber was sagen die hier diskutierten Beobachtungen? Wenn wir nur zu bestimmten Zeiten reagieren oder handeln können, dann ist die Kontinuität der Zeit wohl eine Illusion. Zwar entzieht sich die Diskontinuität des Identifizierens und des Entscheidens unserem Bewußtsein, aber die experimentellen Hinweise sind eindeutig, daß wir – bei der Periode der Gehirnoszillation von 0,03 bis 0,04 Sekunden – in einer Sekunde nur etwa 30 Identifikationsmöglichkeiten und *Entscheidungspunkte* haben. Daß uns dies nicht bewußt ist, braucht nicht zu stören; denn wir sind ja schon zu Beginn über die Grenzen der Selbstbeobachtung aufgeklärt worden. Wir können deshalb annehmen, daß die subjektive Zeit diskontinuierlich abläuft, daß der Ablauf unseres Erlebens und Verhaltens zerhackt ist in Zeitquanten. Wir können nicht 'immer' reagieren. Die Funktionsweise unseres Gehirns definiert *formale* Randbedingungen für den zeitlichen Ablauf, die uns aufge-

30

zwungen sind. Wir sind vielleicht frei über das, was wir entscheiden, aber nicht, *wann* wir entscheiden". (*Kursiv*-Schreibweise wie im Originaltext.)

Noch etwas deutlicher formuliert: In jedem von uns tickt eine innere Uhr, die vor allem dazu dient, die zentrale Verarbeitung von Sinnesreizen zu steuern, das heißt in kleine Scheiben zu zerlegen. *Ein Takt* dieser inneren Uhr entspricht dem Wert der Ordnungsschwelle, bei gesunden Erwachsenen also 20 bis 40 Millisekunden. Diese Zeitdauer für *einen* Takt bedeutet, daß in einer vollen Sekunde 25 bis 50 dieser Takte untergebracht werden können. (Der Rechenvorgang besteht darin, daß die 1.000 Millisekunden in einer Sekunde durch die Länge eines Taktes, also 20 bis 40 Millisekunden, dividiert werden. 1.000 : 20 = 50 bzw. 1.000 : 40 = 25). Eine noch kürzere bzw. schnellere Zeitauflösung scheint in unserer zentralen Sinnesverarbeitung nicht möglich zu sein. Es sei denn, wir *trainierten* die Ordnungsschwelle auf kürzere Werte hin. Aber davon kann erst im Kapitel 7 die Rede sein. Denn vorher müssen wir noch einiges kennenlernen ...

Aphasiker-Training durch Prof. Nicole von Steinbüchel

In dem zuvor erwähnten Buch von Professor Pöppel "Die Grenzen des Bewußtseins" finden sich Hinweise darauf, daß es *eine* Gruppe von Menschen gibt, die aufgrund besonderer Umstände eine auditive Ordnungsschwelle aufweisen, die von gesunden Erwachsenen deutlich abweicht. Es handelt sich dabei um sogenannte Aphasiker. Das sind Menschen, die nach einem linksseitigen Gehirnschlag oder nach einer andersartigen linksseitigen Gehirnschädigung – zum Beispiel nach einem Unfall – ihre sprachlichen Fähigkeiten teilweise oder sogar völlig eingebüßt haben.

Bereits im Jahre 1864 (!) hatte der französische Chirurg Paul Broca aufgrund seiner umfänglichen Erfahrungen mit linksseitig Hirnverletzten seine Überzeugung veröffentlicht, daß es ein spezielles, räumlich eingrenzbares Zentrum für unsere *Sprachproduktion* gebe. Er schreibt in diesem Jahre:

"Schon bei meinen ersten Aphasikern war mir die Tatsache aufgefallen, daß die Läsion (= Verletzung, Schädigung) nicht nur immer im gleichen Bereich des Gehirns, sondern auch immer auf derselben Seite – der linken – lag. Seitdem war bei allen Autopsien die Läsion stets linksseitig. Es wurden auch viele lebende Aphasiker beobachtet, die meisten waren halbseitig gelähmt, und zwar immer auf der rechten Seite. Außerdem hat man bei Autopsien von Patienten mit rechtsseitigen Läsionen gefunden, daß diese keine Aphasie gezeigt hatten. All dies deutet darauf hin, daß die Fähigkeit der sprachlichen Artikulation in der linken Hirnhälfte lokalisiert ist oder daß sie zumindest hauptsächlich auf diese Hirnhälfte angewiesen ist."

Brocas Feststellungen gelten heute als unumstritten. Die von ihm entdeckte Hirnregion wird auch heute noch als Broca-Areal bezeichnet. Der deutsche Neurologe Carl Wernicke hat dann wenige Jahre später nachgewiesen, daß ein ebenfalls linksseitiger Teil unseres Gehirns, nämlich das anschließend nach ihm benannte Wernicke-Areal, für unser *Sprachverständnis* zuständig ist. Patienten mit beeinträchtigtem Wernicke-Areal sind also wohl noch in der Lage zu sprechen, jedoch ist ihr Verständnis für fremde und eigene Sprache so vermindert, daß sie keine sinnvolle Sprachproduktion mehr zustande bringen, manchmal sogar förmlich übersprudelnd, jedoch ohne jeden erkennbaren Sinn sprechen. Die heutige neurologische Wissenschaft neigt zu der Auffassung, daß das Broca-Areal nicht ausschließlich für die Sprachproduktion zuständig ist, sondern auch einen gewissen Beitrag zum Sprachverständnis leistet. Und es gibt einen zunehmenden Trend in der Wissenschaft, daß die beiden genannten Areale nicht allein und eigenständig, sondern nur in der Vernetzung mit anderen Hirnregionen ihre Funktion erfüllen.

Nachdem wir nun also genauer wissen, was unter einer Aphasie zu verstehen ist und welche Gebiete in der linken Hirnhälfte dafür zuständig sind, wird es uns leichter fallen, die Arbeiten der Frau Professor Nicole v. Steinbüchel von der Ludwig-Maximilian-Universität zu München zu verstehen. Sie stellte zunächst fest bzw. sie fand vorangegangene Untersuchungen bestätigt, daß die Ordnungsschwelle von Aphasikern – und zwar unabhängig davon, ob Broca- oder Wernicke-Aphasie – weitaus höhere Werte aufweist als bei gesunden Erwachsenen. Während diese, wie wir inzwischen wissen, zwischen 20 und 40 Millisekunden betragen, liegen die Werte von Aphasikern fast ausnahmslos über 100 Millisekunden, teilweise sogar erheblich darüber. Professor v. Steinbüchel stellte nun die Vermutung auf, daß diese verlängerte Ordnungsschwelle eine wesentliche Ursache der sprachlichen Schwierigkeiten ihrer aphasischen Patienten sein könnte. Wenn dem so wäre, müßte es möglich sein, durch ein Training dieser Ordnungsschwelle auch die sprachliche Rehabilitation dieser Aphasiker zu beschleunigen. Zuerst berichtete sie über ihre Arbeit im Jahre 1991 unter dem Titel "Selective Improvement of Auditory Order Threshold in Aphasic Patients" in der Zeitschrift "International Journal of Psychophysiology". Wir halten uns bei der nachstehenden Berichterstattung an eine jüngere Arbeit aus dem Jahre 1994:

Sie arbeitete mit einer Gruppe gesunder Erwachsener und drei Patientengruppen, die schwerpunktmäßig an einer Broca-Aphasie litten. Die Gruppe der gesunden Erwachsenen diente gewissermaßen als Vergleichsnorm dafür, daß bei ihnen das zum Messen der Ordnungsschwelle verwendete computergestützte Verfahren auch tatsächlich die typischen, bekannten Werte in der Größenordnung um 30 Millisekunden erbrachte. Von den drei Patientengruppen war *eine* die eigentliche Untersuchungsgruppe, an der die Ordnungsschwelle trainiert werden sollte; die beiden anderen dienten wiederum als Kontrollgruppen dafür, ob ein Training anderer Art ebenfalls die Ordnungsschwelle zu verbessern geeignet wäre.

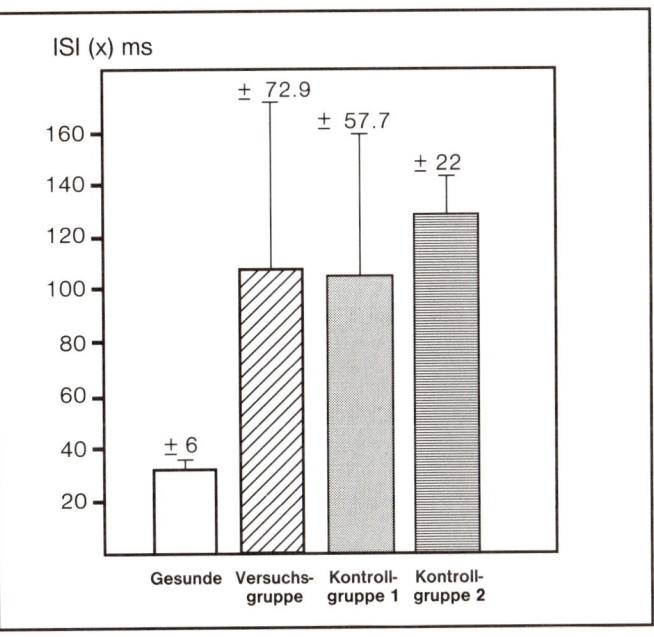

Zunächst wurden natürlich die Ordnungsschwellenwerte sowohl der gesunden Erwachsenen als auch der Patienten der drei Aphasikergruppen einzeln gemessen, um daraus die Gruppendurchschnitte zu errechnen. Erwartungsgemäß erbrachten die gesunden Erwachsenen einen Durchschnittswert von 32 Millisekunden. Die Durchschnittswerte der drei Aphasikergruppen lagen, wie aus dem Bild zu ersehen ist, zu Beginn des Trainings ebenso erwartungsgemäß ausnahmslos über 100 Millisekunden. Nun wurden die drei Aphasikergruppen auf unterschiedliche Weise beschäftigt bzw. trainiert:

Die Übungssitzungen für alle drei Gruppen fanden – natürlich voneinander getrennt – einmal pro Woche für jeweils eine Stunde statt. Die erste Kontrollgruppe erhielt die Aufgabe, während der Übungssitzungen visuelle Unterscheidungsübungen zu absolvieren. Die zweite Kontrollgruppe befaßte sich während der Übungssitzungen mit Tonhöhenunterscheidungsaufgaben. Die eigentliche Untersuchungsgruppe dagegen erhielt während dieser einen wöchentlichen Übungsstunde ein spezielles, eigentlich sehr einfaches Training ihrer Ordnungsschwellen: Sie erfuhren nach jeder Reaktion auf eines der zahlreichen Klick-pärchen in unterschiedlichen Abständen lediglich, ob ihre Feststellung zutreffend oder unzutreffend war.

Dieses Verfahren knüpft an die Feststellungen des amerikanischen Lern-psychologen Professor S. Skinner an, wonach der Mensch am besten lernt, wenn er das "Feedback", also die Rückmeldung über die Richtigkeit einer Handlung, innerhalb von längstens 0,5 Sekunden nach deren Ausführung erhält. Dann ist das "Reenforcement", die Verstärkung der gebahnten Neuronenverbindungen, also der Lernerfolg, am nachhaltigsten. (Falls Sie nun darüber nachdenken, wie lernwirksam im schulischen Bereich die Rückgabe einer korrigierten Klassenarbeit erst nach mehreren Tagen ist, haben Sie den Vorgang voll durchschaut.)

Das überraschende Ergebnis dieser verschiedenen Trainings-arten finden Sie im nächsten Bild: Die beiden Kontrollgruppen ver-besserten ihre Ordnungsschwellen überhaupt nicht, sondern ver-schlechterten sich sogar noch nach Durchführung der acht Übungs-sitzungen. Die eigentliche Unter-suchungsgruppe dagegen ver-besserte sich von dem anfänglichen Durchschnittswert von 116 Milli-sekunden vor Beginn des Trainings

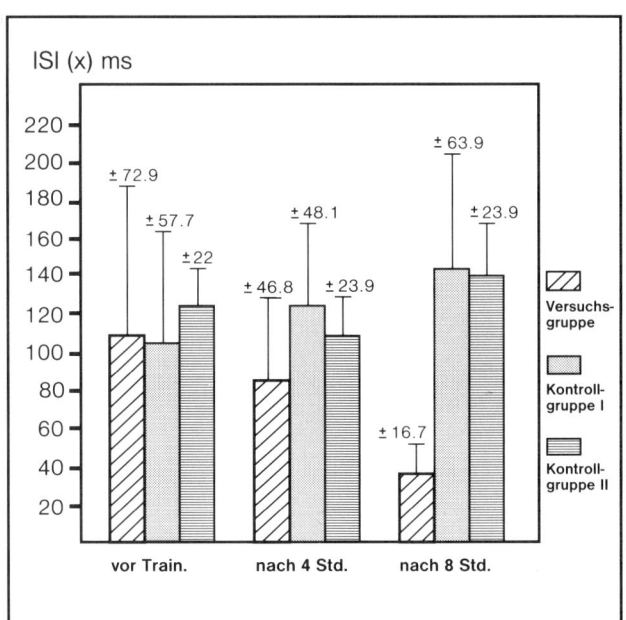

schon nach vier Übungssitzungen auf 82 Millisekunden und nach insgesamt acht Übungssitzungen auf 37 Millisekunden – auf einen Wert also, der sehr nahe bei dem der gesunden Erwachsenen von 32 Millisekunden lag. Nun ergab sich natür-lich die Frage, ob diese Verbesserung der Ordnungsschwelle auch Auswirkungen auf die sprachliche Rehabilitation dieser Untersuchungsgruppe im Vergleich zu den beiden Kontrollgruppen gehabt hatte. Zur Beantwortung dieser Frage hatte Frau Professor von Steinbüchel natürlich schon vor Beginn des Trainings geeig-nete Vorkehrungen getroffen. Zu deren Verständnis müssen wir etwas ausholen:

Eine in der Sprachwissenschaft verbreitete Methode zum Prüfen des Sprach-verständnisses ist die Darbietung von gleitenden Übergängen zwischen zwei Kon-sonanten, die von einem Vokal gefolgt werden und sich nur durch ihre Dauer voneinander unterscheiden. Ein typisches derartiges Pärchen ist der Übergang von der Silbe **ta** zur Silbe **da**. Nimmt man die Silbe **ta** mit einem Tonbandgerät oder besser noch mit einem geeigneten Computer nebst Soundkarte auf, so läßt sich auf dem Bildschirm erkennen, daß das anlautende **t** etwa 80 bis 90 Millisekunden lang ist. Schneidet man nun von diesem **t** ganz vorn zunächst beispielsweise nur 10 Millisekunden ab, so klingt die Silbe immer noch wie **ta**. Setzt man diesen Schneidevorgang um jeweils weitere 10 Millisekunden fort, so gelangt man bei einem restlichen **t** zwischen 30 und 50 Millisekunden in einen Bereich der Unsicherheit, in dem man manchmal noch ein **ta**, aber manchmal auch schon ein **da** versteht. Ist aber mit weiterem stetigen Abschneiden eine Restlänge des anlautenden Konsonanten von 30 Millisekunden oder weniger erreicht, so wird eindeutig nur die Silbe **da** verstanden.

Dies alles gilt aber nur für gesunde Erwachsene mit einwandfreier zentraler Hörverarbeitung. Das bestätigte sich auch, als Frau Professor von Steinbüchel diesen **ta/da**-Versuch mit ihrer Gruppe gesunder Erwachsener durchführte. Alle drei Aphasikergruppen dagegen zeigten vor dem Training einen ganz anderen Verlauf: Ihre Unsicherheit bezüglich der Unterscheidung zwischen **ta** und **da** erstreckte sich vor diesem Training über die gesamte Spanne zwischen 40 und 90 Millisekunden.

Das traf nach dem Training auch auf die beiden Kontrollgruppen zu. Nur die Untersuchungsgruppe mit dem Ordnungsschwellentraining hatte sich danach, also nach der Verringerung ihrer Ordnungsschwellenwerte auf 37 Millisekunden, weitestgehend den Werten der gesunden Erwachsenen genähert: In dem Bereich zwischen 60 und 90 Millisekunden erkannten sie jetzt zu 90 % die Silbe **ta** richtig. Damit war der Beweis erbracht, das zumindest bei Aphasikern ein so einfaches, aber erfolgreiches Training der Ordnungsschwelle zugleich auch das Sprachverständnis in nahezu gleichem Maße verbessert.

Entdeckung der Altersabhängigkeit durch Dr. Sabine Veit

Ebenfalls an der Ludwig-Maximilian-Universität zu München hat im Jahre 1992 Frau Dr. Sabine Elisabeth Veit mit einer Dissertation unter dem Titel "Sprachentwicklung, Sprachauffälligkeit und Zeitverarbeitung – eine Longitudinalstudie" ihren Doktorgrad erlangt. Anreger und Betreuer dieser Arbeit war Professor Gerd Kegel vom Institut für Phonetik und sprachliche Kommunikation (auch Seite 38). Frau Dr.

Veit hatte sich die äußerst zeitaufwendige Aufgabe ausgesucht, die Entwicklung der Ordnungsschwelle und die sprachlichen Fähigkeiten von insgesamt 12 Kindern über einen Zeitraum von drei Jahren sorgfältig zu verfolgen und geeignete Schlußfolgerungen aus dieser Entwicklung zu ziehen. Zu Beginn der dreijährigen Untersuchung waren die Kinder rund sechs Jahre alt, am Ende also rund neun Jahre. Bei diesen Kindern handelte es sich um sieben sprachauffällige und um fünf sprachunauffällige Kinder. Darunter ist zu verstehen, daß die sprachunauffälligen Kinder eben eine altersgerechte, normale Sprachentwicklung zeigten, während die sprachauffälligen Kinder in dieser Beziehung deutliche Rückstände zeigten. Wie die Einteilung der beiden Gruppen und die weitere stetige Überprüfung dieser Einteilung mit hoher Gewissenhaftigkeit vorgenommen wurden, wollen wir zuerst betrachten:

Frau Dr. Veit stellte zunächst 60 Sätze zusammen, die dazu bestimmt waren, von allen Kindern bei jeder von den geplanten insgesamt sieben Einzelsitzungen nachgesprochen zu werden. Damit wollte sie feststellen und von Jahr zu Jahr in vergleichbarer Weise fortschreiben, wie ihre zwölf ausgewählten Kinder mit Sprache umzugehen verstanden. Tatsächlich war das Hauptziel ihrer Arbeit, einen Zusammenhang zwischen der Sprachentwicklung von Kindern in Abhängigkeit von ihrem Alter und von ihrer Ordnungsschwelle nachzuweisen. So bezogen sich naheliegenderweise die meisten der von ihr für diese Dissertation aufgestellten Hypothesen zunächst auf sprachliche Leistungen und deren Abhängigkeit vom Alter dieser Kinder. Erst ihre beiden letzten Hypothesen befaßten sich mit der Ordnungsschwelle. Sie lauteten:

1. Bei beiden Gruppen (gemeint sind die sprachauffälligen und die sprach-unauffälligen Kinder) nehmen die Ordnungsschwellenwerte im Laufe des Untersuchungszeitraumes (gemeint sind die drei erwähnten Jahre) ab.

2. Die Ordnungsschwellenwerte liegen bei den sprachauffälligen Kindern höher als bei den sprachunauffälligen.

Um wenigstens andeutungsweise zu würdigen, welchen Zeitaufwand Frau Dr. Veit in dieses Vorhaben investierte, sei erwähnt, daß sie bei allen Kindern insgesamt siebenmal im Verlauf dieser drei Jahre die Ordnungsschwelle einzeln gemessen hat und viermal die erwähnten sechzig Nachsprechsätze durch-gearbeitet und so die Nachsprechleistungen der Kinder erhoben hat.

Frau Dr. Veit hat natürlich noch das auf Seite 24 beschriebene Gerät für ihre insgesamt 84 Einzelmessungen der Ordnungsschwellen ihrer Kinder verwendet. Nachdem sie dem einzelnen Kind die Aufgabenstellung verdeutlicht hatte, begann sie zunächst mit großen Zeitabständen zwischen den Klicks, um eindeutiges Verstehen der Aufgabe zu sichern. Sie reduzierte diese Zeitabstände dann anfangs in größeren Sprüngen, um bei allmählich erkennbarer Annäherung an die Ordnungsschwelle die Intervalle nur noch um jeweils 10 Millisekunden zu verkürzen. Jeder Klickabstand wurde dem Kind zehnmal vorgegeben, bei acht richtigen Antworten galt dieser Klickabstand als beherrscht. Die Klickabstände wurden so lange verkürzt, bis das Kind bei zwei aufeinanderfolgenden Reihen *weniger* als acht richtige Antworten gegeben hatte. Das entsprach also wieder der zuvor schon erwähnten 80-Prozent-Regel. Doch nun zu den Ergebnissen dieser Studie:

Die erste Hypothese, wonach die Ordnungsschwellenwerte im Laufe des Untersuchungszeitraumes, also vom sechsten bis zum neunten Lebensjahr, kürzer werden, hat sich voll bestätigt, und zwar bei beiden Gruppen. Ich möchte hier bewußt nicht die genauen Werte nennen, die sich dabei ergeben haben, weil die Gefahr zu groß ist, daß die Werte – aus dem Zusammenhang gerissen – als allgemeingültig angesehen werden, was wegen der vergleichsweise geringen Zahl der beobachteten Kinder unzulässig wäre. Soviel allerdings kann als sehr sicher gelten: Zum Abschluß der Untersuchung, also als Neunjährige, hatte die Gruppe der sprachunauffälligen Kinder mit einem Durchschnitt von 38 Millisekunden praktisch die Ordnungsschwellenwerte von Erwachsenen, das heißt den Bereich zwischen 20 und 40 Millisekunden, erreicht, während sie zu Beginn der Untersuchung, also als Sechsjährige, deutlich höher gelegen hatten.

Zur zweiten These, wonach die Ordnungsschwellenwerte bei den sprachauffälligen Kindern höher liegen als bei den sprachunauffälligen, gab es ebenfalls eine klare Bestätigung, wobei ich auch hier aus den eben schon genannten Gründen nur die Endwerte der Neunjährigen einbringe. Sie lagen mit einem Gruppendurchschnitt von 68 Millisekunden fast doppelt so hoch wie die Endwerte der sprachunauffälligen Kinder. Diese Feststellung sollten Sie sich gut merken, da wir noch ausführlich darauf zurückkommen werden.

Autisten-Training durch Prof. G. Kegel und Dr. C. Tramitz

Professor Gerd Kegel ist uns bereits im vorigen Kapitel begegnet. Er hat schon etwas früher, im März 1991, als Ergebnis einer engen Zusammenarbeit mit Frau Dr. Christiane Tramitz das Buch veröffentlicht "Olaf – Kind ohne Sprache". Darin beschreiben die beiden Autoren ihren äußerst zeitaufwendigen, nervenaufreibenden und zielstrebigen Einsatz bei der sprachlichen Entwicklung des Knaben Olaf, der als neunjähriger Autist kein Wort sprach und auch sonst die typischen autistischen Symptome aufwies.

Unter Einsatz der McGinnis-Methode haben die beiden Autoren im Zusammenwirken mit äußerst engagierten Therapeuten einer Sonderschule und einer Klinik im Verlaufe von drei Jahren den Umgang dieses Jungen mit Laut- und Schriftsprache so gefördert und aufgebaut, daß Olaf mit zwölf Jahren dank seiner nun entwickelten sprachlichen Fähigkeiten und des daraus entstandenen Selbstvertrauens offen auf andere Menschen zugehen konnte. Diese Methode ist benannt nach Mildred A. McGinnis, die sich in den USA schon nach dem ersten Weltkrieg für Kinder mit sehr schweren Sprachentwicklungsstörungen eingesetzt hat. Diese Kinder hatten vor allem Probleme beim Verstehen schnell gesprochener Äußerungen, beim Herauslösen einzelner Laute aus Lautgruppen und beim Behalten des Gehörten. Diese Störungen waren aber bei den von ihr behandelten Kindern nicht auf eine Beeinträchtigung der Artikulationsorgane, des peripheren Hörens oder der allgemeinen Intelligenz zurückzuführen. Frau McGinnis vermutete vielmehr eine Störung in der zentralen Sinnesverarbeitung. Ich darf hier die Vermutung anfügen, daß diese Kinder eine verlangsamte Ordnungsschwelle hatten. Frau McGinnis begegnet diesem Problem mit Hilfe einer von ihr entwickelten "Assoziationsmethode". Das Kennzeichnende an dieser Methode ist die Verknüpfung mehrerer Sinneskanäle beim *gleichzeitigen* Erlernen von Laut- *und* Schriftsprache. Ein Beispiel: Das Kind soll auf den Mund des Lehrers schauen, während dieser einen Laut vorspricht (auditive + visuelle Assoziation). Es muß auf die Tafel schauen, wenn der Lehrer den Laut aufschreibt und gleichzeitig noch einmal vorspricht (auditive + visuelle Assoziation). Es muß beim eigenen Niederschreiben des gerade vorgesprochenen Lautes zugleich diesen Laut selbst deutlich aussprechen. Und damit sich die Assoziationen festigen, ist dies alles sehr oft zu wiederholen.

Unter Verwendung derartiger Verknüpfungen erfolgt der gesamte, langwierige Therapieablauf in drei großen Arbeitsabschnitten. Der erste dieser Abschnitte beginnt mit dem Training einzelner Laute und Buchstaben, wohlgemerkt immer gleichzeitig. Dabei werden anfänglich solche Laute ausgewählt, die möglichst geringe Anforderungen an die Artikulationsmotorik stellen, vom Kind also leichter ausgesprochen werden können. Sobald etwa drei Konsonanten und drei Vokale (beispielsweise **m – b – p – a – i – e**) mündlich und schriftlich gut beherrscht werden, geht es an das Trainieren der ersten Silben. Schließlich werden Silben zu Wörtern verbunden. Der zweite Arbeitsabschnitt beginnt mit dem Training kurzer Sätze, um auch die Gedächtnisspanne zu erweitern. Im dritten Arbeitsabschnitt schließlich wird das Kind an die grammatischen Muster der Sprache herangeführt, die Vergangenheitsformen werden gelernt und der zunächst weitgehend bildhaft konkrete Wortschatz wird um abstrakte Begriffe erweitert.

Dieses Training führte bei Olaf nach drei Jahren, in denen es natürlich auch Rückschläge gab, zu den bereits erwähnten Fortschritten. Und was hat das alles mit der Ordnungsschwelle zu tun? Nun, Professor Kegel widmet ihr inmitten des Olaf-Buches ein eigenes Kapitel, in dem er in ähnlicher Weise, wie Sie es schon von dem Beispiel des Wortes **tickt** kennen, den wichtigen Zusammenhang zwischen der Ordnungsschwelle und der Zeitauflösung unserer gesprochenen Sprache erläutert. Lassen wir ihn danach selbst mit dem Darstellen der Konsequenzen einer langsameren Ordnungsschwelle – auch im Hinblick auf Olaf – zu Worte kommen, nachdem er deren Bedeutung anhand der beiden ersten Buchstaben des Wortes **Kamm** dargestellt hat:

"Nur wenn der Hörer diese Signalinformationen sehr schnell verarbeitet, kann er die im Signal wiedergegebene Artikulationsbewegung registrieren. Dann nimmt er vor dem **a**-Laut auch tatsächlich genau den **k**-Laut wahr. Ist der Hörer zu langsam, kann er, um es einmal so zu formulieren, nicht fein genug hinhören, dann vermag er nicht zu unterscheiden, ob der Sprecher '**ka**', '**ta**' oder '**pa**' gesagt hat. Kleine Kinder haben da noch so ihre Schwierigkeiten, und so wundert es nicht, wenn sie zum Beispiel statt 'Gib mir den Kamm' so etwas wie 'Dib mir den Tamm' sagen. Da sie aufgrund langsamerer Informationsaufnahme nicht differenziert genug wahrnehmen, können sie auch nicht präzise differenzierend artikulieren."

Professor Kegel hat konsequenterweise Olafs Ordnungsschwelle *vor* dem Beginn des McGinnis-Trainings gemessen. In dem treffend überschriebenen Kapitel "Olafs innere Uhr" beschreibt er ergreifend, wie er mit Hilfe des Kollegen Dr. Ilmberger (Seite 28) unter größten Mühen Olafs auditive Ordnungsschwelle gemessen hat. Der gemessene Wert lag – wegen der Schwierigkeiten der Messung mit entsprechender Vorsicht seitens Professor Kegel interpretiert – zwischen 140 und 100 Millisekunden. Verglichen mit den Werten gesunder neunjähriger Kinder, so schreibt Professor Kegel selbst, die meist den Erwachsenenbereich von 20 bis 40 Millisekunden erreicht haben, lagen Olafs Werte sehr hoch. Wieder Originalton Professor Kegel:

> "Die Messungen stützen die Vermutung, daß in diesem Entwicklungsstadium Olafs Ordnungsuhr entschieden zu langsam lief. Die Folgen sind bekannt: Sehr ungenaue Wahrnehmung des Sprachsignals und damit kein angemessenes *internes Artikulationsmodell*."

An dieser frühen Stelle des Buches – es war ja *vor* Olafs Trainingsbeginn – war ich überzeugt, daß nun, zumindest flankierend zum Sprachaufbau nach der McGinnis-Methode, mit dem Training der Ordnungsschwelle begonnen werden würde, und sei es nach der einfachen Methode, die im Kapitel 5 beschrieben wurde. Aber nichts dergleichen wurde erwähnt. Ist überhaupt niemand auf diesen Gedanken gekommen? Oder wurde befürchtet, daß Olaf zu einem derartigen Training nicht bereit bzw. in der Lage sein würde? Vielleicht waren die beiden Autoren auch unsicher geworden, weil sie bei einer zweiten Messung nur ein halbes Jahr nach Olafs erster Messung der Ordnungsschwelle feststellen mußten, daß sich diese noch nicht verändert hatte, obwohl Olaf schon gewisse sprachliche Fortschritte erzielt hatte. Wie dem auch sei – am Ende des Buches, nachdem das dreijährige Training die erwähnten positiven Ergebnisse bei Olaf erbracht hatte, wurde seine Ordnungsschwelle erneut gemessen. Wieder Professor Kegel:

> "Die Ergebnisse verblüfften uns. Olafs auditiver und visueller Ordnungsschwellenwert lag zwischen 20 und 40 Millisekunden. Vorsichtshalber wiederholten wir nach einigen Tagen die Messungen – mit dem gleichen Ergebnis. Diese Werte entsprechen den Erwachsenennormen. Sie waren für Olaf völlig altersgerecht, da sie von gesunden Kindern meist zwischen dem achten und zehnten Lebensjahr erreicht werden. Olafs innere Uhr, die noch wenige Monate zuvor völlig verzögert lief, zeigte jetzt zuverlässig die richtige Taktzeit an."

So werden wir nie erfahren, ob Olaf auch dann drei volle Jahre für seinen Aufbau von Laut- und Schriftsprache benötigt hätte, wenn er in geeigneter Weise flankierend zum Arbeiten auf der Symptomebene auch Gelegenheit gehabt hätte, die basale Beeinträchtigung auf der Ebene der zentralen Hörverarbeitung, also die Ordnungsschwelle, zu trainieren. Dennoch, Hut ab vor dem Arbeitseinsatz der beiden Autoren von "Olaf – Kind ohne Sprache"! Wir werden auf die möglichen Zusammenhänge zwischen Autismus und Ordnungsschwelle noch ausführlich eingehen.

6. Was bewirkt eine abweichende Ordnungsschwelle?

Wenn ich – vor allem zu Beginn meiner Beschäftigung mit der Ordnungsschwelle – diesen Begriff gegenüber Freunden und Bekannten erläuterte, war ich immer wieder überrascht, daß sie zwar fast ausnahmslos meine Erklärung der Ordnungsschwelle rasch verstanden, aber selten die für mich naheliegende Frage stellten, welche Auswirkungen eine von den typischen Werten abweichende Ordnungsschwelle für die Betroffenen habe. Vielleicht war ihnen allein die Vorstellung fremd bis unheimlich, sie hätten vielleicht eine langsamere Ordnungsschwelle als den von Professor Pöppel angegebenen Standardwert von 20 bis 40 Millisekunden und könnten nichts dagegen unternehmen.

Ich habe in den etwa zwei Jahren vor der Drucklegung dieses Buches die Ordnungsschwellen von mehreren hundert Menschen gemessen. Dies geschah sowohl in Gruppen als auch einzeln. Dabei konnte ich feststellen, daß auch die bei ein und demselben Menschen zu unterschiedlichen Zeiten gemessenen Werte in manchmal sogar erstaunlichem Maße voneinander abweichen. Ganz offenbar ist unsere innere Taktfrequenz kein feststehender Wert, sondern sie richtet sich stark nach den Augenblicksumständen und -erfordernissen aus. Besonders angespannte oder gar erschöpfte Durchschnittsmenschen zeigten zuweilen Ordnungsschwellenwerte, die bis zum Doppelten ihrer im entspannten Zustand gemessenen Werte reichten.

Ich habe dann in Gesprächen vor allem mit denjenigen Therapeuten, die sich frühzeitig auf meine Anregung hin mit der Ordnungsschwelle befaßt hatten, einige Beispiele erarbeitet oder berichtet bekommen, mit denen sich die Bedeutung der Ordnungsschwelle für unser tägliches Leben in allen Altersstufen gut nachweisen läßt. Besonders verbunden für realitätsnahe Beispiele bin ich einem sehr engagierten Therapeuten, den ich im folgenden als "unseren Therapeuten" zitieren werde, da er sich aus Zeitgründen vor zu vielen Anfragen schützen möchte. In diesem Kapitel finden Sie einige dieser Beispiele, und zwar zu den Auswirkungen einer Abweichung der Ordnungsschwelle sowohl nach längeren als auch nach kürzeren Werten hin.

Zuvor aber noch eine grundsätzliche Feststellung vor allem zum besseren Verständnis des Zusammenhangs zwischen der Ordnungsschwelle und Krankheitsbildern wie der Aphasie, dem Stottern oder dem Autismus. Die für meine Arbeit wichtigste Feststellung unseres Therapeuten lautet, daß die Ordnungsschwelle *in jedem dieser Fälle* hervorragend geeignet ist, den Fortschritt jeglicher Therapie zu messen und somit deren Erfolge zweifelsfrei zu überprüfen, daß sie aber in den meisten dieser Fälle auch als eigenständige oder flankierende Therapie eingesetzt werden kann. Und zwar ist der Einsatz des Ordnungsschwellentrainings nach seinen Erfahrungen immer dann und *erst dann* angezeigt, wenn zuvor sichergestellt wurde, daß die beiden Hirnhälften – insbesondere bei Aphasikern – überhaupt schon wieder zusammenarbeiten. So, und nun zu den angekündigten Beispielen.

Die Ordnungsschwelle und der Alltag

Ein Kleinkind beginnt, das Laufen zu lernen. Es tapst zunächst noch ungeschickt durch die Wohnung. Irgendwo im Wege liegt ein Teppich. Bautz! Es ist hängengeblieben, gestolpert und hingefallen. Warum? *Zwei* visuelle Sinnesreize, nämlich der Fußboden und der Teppich, wurden zwar vom Auge wahrgenommen, aber vom Gehirn noch nicht *schnell genug* verarbeitet, so daß die Koordination von Augen und Beinen nicht zeitgerecht erfolgen konnte. Schon nach vergleichsweise kurzer Zeit bewältigt das Kind mit zunehmender Reifung solche und andere Hindernisse durch blitzschnelle, fließende Reaktionen – indem es beispielsweise an der richtigen Stelle schlicht das Füßchen ein bißchen höher hebt. Das Informationssystem im Gehirn hat seine Impulsverarbeitung, seine Ordnungsschwelle, beschleunigt. Falls dieser Entwicklungsprozeß zu langsam abläuft, fällt das Kind häufiger auch im zunehmenden Lebensalter.

Ein Erwachsener trägt eine reichlich gefüllte Tasse auf einer Untertasse und will damit eine Wendeltreppe hinaufgehen. Er muß gleichzeitig mehrere visuelle und kinästhetische Sinneseindrücke sowie motorische Befehle miteinander verrechnen, wenn er sicherstellen will, daß der Kaffee nicht überschwappt, daß er die Höhe der Treppenstufen richtig einschätzt, um nicht zu stolpern oder gar zu fallen, und daß er der Biegung der Wendeltreppe stetig folgen kann. All diese Vorgänge müssen blitzschnell – eben in der Größenordnung der Ordnungsschwelle, also im Bereich von 20 bis 40 Millisekunden – erfaßt, verglichen und in motorisches Handeln umgesetzt werden. Wenn nicht, gilt er als "ungeschickt".

Dabei liegt wahrscheinlich "nur" seine Ordnungsschwelle entweder grundsätzlich oder zeitweilig nicht im Normalbereich.

Ein junger Mann hat den Führerschein beim dritten Anlauf endlich geschafft. Aber mit dieser Erlaubnis, nun allein weiterzuüben, hat er kein rechtes Glück. Immer wieder, wenn er in kritische Situationen kommt, gerät er in eine Art Panik und verursacht Beinahe-Unfälle oder sogar tatsächliche Unfälle. Seine Ordnungsschwelle ist bei der Führerscheinprüfung natürlich nie gemessen worden – wie sollte sie auch? Und doch spricht einiges dafür, daß diese nie gemessene Ordnungsschwelle die eigentliche Ursache dafür ist, daß er mehrere parallele Sinneseindrücke, noch dazu über verschiedene Sinneskanäle, nicht in der gerade für das Autofahren erforderlichen Geschwindigkeit miteinander verrechnen kann – wieder ein Problem der Ordnungsschwelle! (Vielleicht entschließt sich ein weitschauender Politiker nach dem Lesen dieses Buches, die Unfallhäufigkeit in der Bundesrepublik durch Messen der Ordnungsschwelle bei der Führerscheinprüfung zu verringern.)

In meinem schon erwähnten Buch "Was Hänschen nicht hört ..." habe ich als Übung für lese-rechtschreib-schwache Kinder das Balancieren eines Kunststoffstabes von etwa einem Meter Länge zwecks Verbesserung ihrer Auge-Hand-Koordination empfohlen. Inzwischen hatte ich Gelegenheit festzustellen, ob es einen Zusammenhang zwischen der Ordnungsschwelle und der Geschicklichkeit beim Balancieren dieser Stange gibt. Es gibt ihn im erwarteten Sinne, das heißt die guten Balancierer haben eine schnelle Ordnungsschwelle. Klar – sie erkennen geringfügige Abweichungen am oberen Ende der Balancierstange rascher und können auch wiederum schneller motorisch reagieren und gegensteuern.

Ein erfolgreicher Leiter eines bedeutenden Unternehmens bezog sein gesamtes Wissen über Tagesereignisse aus dem Fernsehen, da er keine Zeitung las. Auch bei Büchern traf auf ihn das Scherzwort zu: "Vielen Dank für das Buch, aber ich habe schon eins." Außerhalb seines engsten Fachgebiets las er so gut wie nichts, das Lesen war ihm richtig lästig. Er maß seine Ordnungsschwelle mit 20 Millisekunden im Sehbereich und mit 60 Millisekunden im Hörbereich. Nach einem Training von nur vier Wochen mit etwa zehn Minuten täglich lag seine visuelle Ordnungsschwelle bei besser als 10 Millisekunden und seine auditive Ordnungsschwelle bei besser als 20 Millisekunden. Einige Wochen später berichtete er mir mit einer Mischung aus Verwunderung und Stolz, daß ihm das Lesen der Zeitung zunehmend Spaß mache und er auch schon ein Buch zu lesen begonnen habe. Ganz allgemein, fügte er hinzu, sei seine Fähigkeit zur Aufnahme visueller und auditiver Informationen deutlich geschärft und beschleunigt worden.

Ein Teil der Tätigkeit eines weiteren vielseitig begabten Bekannten bestand darin, daß er auf hohem Fachniveau fremdsprachige Seminare für die Teilnehmer simultan zu übersetzen hatte. Wer dieses Gewerbe kennt, weiß auch, daß professionelle Dolmetscher sich grundsätzlich nur paarweise engagieren lassen und sich im Rhythmus von zehn bis zwanzig Minuten gegenseitig abwechseln, weil diese Tätigkeit eine der aufreibendsten ist, die ich mir vorstellen kann. (Ich habe sie selbst schon gelegentlich ausprobiert.) Dieser Mann hatte auf Anhieb eine Ordnungsschwelle von 20 Millisekunden im Hör- und im Sehbereich. Aber er wollte es genau wissen und trainierte nun mit der professionellen Ausführung (Seite 96) bis auf Werte um 5 Millisekunden herunter. Er berichtete mir anschließend, daß er nun imstande sei, die Simultanübersetzung auf eine ganz andere Weise zu bewältigen: Er könne nun schon zu Beginn eines Satzes in der zu übertragenden Fremdsprache mit hoher Treffsicherheit den weiteren Verlauf vorahnen, so daß seine deutschen Gedanken praktisch fast parallel und nicht – wie vorher – nacheilend entstehen. Dabei sei der Energieverbrauch eher geringer geworden als vorher.

Steffi Graf, Michael Stich, Boris Becker und viele andere international bekannte Tennisspieler fallen mehr oder weniger häufig dadurch auf, daß sie gelegentlich nicht "in Form" sind. Boris hat als Erklärung einmal den Begriff seiner "mentalen Kräfte" geprägt. Ist es das wirklich allein? Gerade beim Tennis mit Ballgeschwindigkeiten beim Aufschlag bis über 200 km/h ist doch die Fähigkeit zum raschen Erkennen und Verknüpfen aufeinanderfolgender Sinneseindrücke von besonderer Bedeutung! Bei einer Ordnungsschwelle von 20 Millisekunden legt der mit so hoher Geschwindigkeit aufgeschlagene Ball von *einem* Erkennungsfenster zum *nächsten* bereits etwas über einen Meter zurück. Bei einer Ordnungsschwelle von 50 Millisekunden sind es bereits 2,7 Meter. Wer sagt uns denn, daß unsere Tennisasse stets dieselben Ordnungsschwellenwerte haben? Meines Wissens haben sie diese Werte niemals gemessen, geschweige denn trainiert. Welche Aussichten!

Die Ordnungsschwelle und der erfolgreiche Schüler

Auch an zahlreichen Schülern habe ich in jüngerer Zeit die Ordnungsschwelle ge-messen. Ich habe mir dabei vorher in der Regel keine Einzelheiten über deren schulische Leistungen nennen lassen, sofern dies zu vermeiden war. In einer dritten Grundschulklasse war ich überrascht durch einen deutlich von allen Erfahrungen abweichenden auditiven Ordnungsschwellenwert eines neunjährigen Jungen von 22 Millisekunden, der spontan ohne jegliches Training gemessen werden konnte. Ich setzte mich mit den Eltern des Knaben in Verbindung und erfuhr, daß er nicht nur der Klassenprimus war, sondern auch vielseitig interessiert und vor allem sprachlich unerhört gewandt und reaktionsschnell.

Weitere Messungen von Zeit zu Zeit (immer dann, wenn es sich so ergab) bestätigten diese erste Erfahrung. Besonders aufschlußreich war die unmittelbar nacheinander erfolgende Messung eines lese-rechtschreib-schwachen elfjährigen Jungen, der mich mit seinen Eltern zum Testen der zentralen Hörverarbeitung auf-suchte, und seines zwei Jahre älteren Bruders, der keine solchen Probleme hatte. Er wollte aber nach dem Messen der Ordnungsschwelle seines Bruders (Hör-bereich = 90 Millisekunden, Sehbereich = 40 Millisekunden) auch seine eigenen Werte kennenlernen. Innerhalb von wenigen Minuten hatte er visuell die 10 Millisekunden unterschritten und auditiv mühelos die 20 Millisekunden erreicht. Das war für mich der Auslöser, mir auch Gedanken über die sich förmlich auf-drängenden Zusammenhänge zwischen der Ordnungsschwelle und der Intelligenz zu machen – genauer zwischen der Ordnungsschwelle und dem Intelligenz-quotienten, also dem einigermaßen genormten Meßwert der Intelligenz.

Die Ordnungsschwelle und der Intelligenzquotient

Bevor wir uns mit den möglichen Zusammenhängen zwischen der Intelligenz eines Menschen und seiner Ordnungsschwelle befassen, müssen Sie natürlich erst einmal erfahren oder sich erinnern, was der Begriff "Intelligenzquotient" bedeutet: Der Intelligenzquotient (IQ) eines Menschen ist eine Verhältniszahl, die angibt, wie sich die Intelligenz *dieses* Menschen zum Rest der gleichaltrigen Menschheit seines Kulturkreises verhält. Rechnerisch ermittelt wird der Intelligenzquotient nach der einfachen Formel "Intelligenzalter : Lebensalter x 100". Der typische Durchschnittsbürger, dessen Intelligenzalter und Lebensalter übereinstimmen, hat somit einen IQ von 100. Zum hinreichend genauen Bestimmen des Intelligenzalters und damit des Intelligenzquotienten bedarf es ausgeklügelter, zeitaufwendiger Testverfahren durch erfahrene Psychologen.

Dann müssen wir uns also als nächstes damit befassen, was unter "Intelligenz" zu verstehen ist. Im "Pschyrembel Klinisches Wörterbuch" umfaßt Intelligenz als allgemeine Bezeichnung für kognitive psychische Fähigkeiten zum Beispiel Konzentration, Vorstellung, Gedächtnis, schlußfolgerndes Denken, Lernen, Sprachfähigkeit und Fähigkeit zum Umgang mit Zahlen und Symbolen. Fürwahr, ein weites Feld! Etwas pragmatischer und damit auch für Nichtmediziner leichter nachvollziehbar dürfte der Vergleich mit einem Computer sein: Seine Taktfrequenz, die Zugriffsgeschwindigkeit zum Arbeitsspeicher und zur Festplatte, die Möglichkeiten zur Parallelverarbeitung, die Schnelligkeit des Programmwechsels, das Wechselspiel zwischen Arbeitsspeicher und Festplatte, Umfang und Schnelligkeit von Verknüpfungen zwischen vielen Dateien – das wären etwa die wichtigsten Bausteine für die "Intelligenz" des Computers. Während sich aber beim Computer die meisten dieser Daten messen und andere durch genormte Benchmark-Tests indirekt überprüfen lassen, ist man beim Menschen zwecks Feststellung der Intelligenz bisher auf die oben schon erwähnten komplizierten, zeitraubenden, indirekten Untersuchungen durch geschulte Fachkräfte angewiesen. Deshalb kennen auch nur wenige Menschen ihren eigenen IQ, obwohl sicher jeder neugierig darauf ist.

Ein Wort der Warnung für die allzu Testgläubigen ist allerdings hier noch am Platze: Da das Gehirn des Menschen eben *kein* Computer ist, sondern ein ständig lernender Teil eines lebenden Wesens, dürfen die auf eine derart indirekte Methode erhobenen Werte des menschlichen IQ nicht kritiklos ernstgenommenen und gewissermaßen als unveränderliche Abstempelung einer Persönlichkeit mit Ewigkeitswert angesehen werden. Tatsächlich ist auch die Messung des IQ kontextabhängig, also abhängig vom Umfeld und den Umständen des angewandten Testverfahrens. So hat beispielsweise der deutsche Wissenschaftler Dr. F. Merz schon 1969 nachgewiesen, daß Studenten beim Absolvieren des verbreiteten Raven-Intelligenztests, der weitgehend mit räumlichen Vorstellungen arbeitet, um bis zu 15 Punkte (!) bessere IQ-Werte erzielten, wenn sie diese räumlichen Aufgaben gleichzeitig verbalisierten, also in Sprache umsetzten. Offenbar, so läßt sich heute dazu ergänzen, wurde so ihre linke Hirnhälfte zusätzlich angesprochen und verbesserte die Ergebnisse.

47

Nach dieser sicherlich hilfreichen Einleitung kommen wir zurück auf die eigentliche Frage eines möglichen Zusammenhanges zwischen der Ordnungsschwelle eines Menschen und seiner Intelligenz. Dabei hilft uns der schon begonnene Vergleich mit dem Computer wieder weiter. Denn fast alle Leser dieses Buches dürften entweder privat oder beruflich einen PC besitzen oder benutzen.

So wie die Ordnungsschwelle die innere Taktfrequenz unseres Gehirns darstellt, hat auch jeder Computer eine Taktfrequenz, die heute etwa im Bereich von einigen zigmillionen Mal pro Sekunde liegt. Diese jetzt üblichen hohen PC-Taktfrequenzen sind aber auch bitter nötig, weil die meisten Aufgaben im PC sequentiell, also *nacheinander*, abgearbeitet werden. Da ist unser Gehirn mit seiner typischen Ordnungsschwelle von 20 bis 40 Millisekunden, das entspricht einer Frequenz von nur 25 bis 50 Takten (!) pro Sekunde, ganz erheblich langsamer. (Die Umrechnung der Dauer der Ordnungsschwelle in Millisekunde auf die Takthäufigkeit pro Sekunde hatten wir im Kapitel 2 gelernt.) Woran liegt es dann, daß – wie es Professor Runge vom damaligen Telefunken-Forschungsinstitut in Ulm einmal launig formulierte –, der schnellste Computer nur "... ein Vollidiot mit einer genialen Spezialbegabung im Rechnen ist", während unser Gehirn trotz seiner um soviel langsameren Taktfrequenz immer noch Aufgaben bewältigen kann, die kaum jemals von einem noch so schnellen Computer bewältigt werden dürften?

Die Antwort heißt "Parallelverarbeitung". Unser Gehirn ist nicht so schnell wie möglich, sondern immer nur so schnell wie nötig. Dafür haben wir in jeder Gehirnhälfte den Gegenwert von etwa 50 Gigabyte (!) an Speicher und Rechenmöglichkeiten. Das entspricht pro Gehirnhälfte also 1.000 Festplatten zu je 50 Megabyte. Mit dieser gigantischen Kapazität konnte die Evolution es sich leisten, in unseren Hirnen dadurch effizienter zu arbeiten, daß viele, wahrscheinlich bis zu einigen Millionen Rechen- und Verknüpfungsvorgänge *gleichzeitig*, also parallel zueinander, ablaufen. Die Bemühungen unserer Computerentwickler, das menschliche Gehirn auch in dieser Weise nachzubilden, stehen noch auf einer sehr frühen Stufe. Die entsprechende Technik nennt man "neuronale Netze". Die Computerspezialisten sind schon stolz, wenn sie die Funktion eines Fliegenauges mittels dieser neuronalen Netze in etwa nachbilden können.

Der große, wohl niemals einholbare Vorsprung unserer Gehirne gegenüber dem Computer besteht also darin, daß wir so viele Vorgänge *parallel* be- und verarbeiten und miteinander fließend verknüpfen können. Und so denke ich, daß die Ordnungsschwelle nur *eine*, wenn auch sicher eine wichtige Komponente unserer Intelligenz darstellt. Die *andere* dürfte die Fähigkeit zum breiten Parallelverarbeiten sein. Wir können uns das vielleicht wie den Flächeninhalt eines großen Feldes vorstellen: Seine Breite mag der Ordnungsschwelle und seine Länge der Fähigkeit zur Parallelverarbeitung entsprechen. Eine langsame Ordnungsschwelle erzeugt ein langes und schmales Feld; eine schwache Parallelverarbeitung ein kurzes und breites Feld. Erst eine schnelle Ordnungsschwelle *und* eine starke Parallelverarbeitung führen zum langen und breiten, also großen Feld, zur hohen Intelligenz.

Zur grundsätzlichen und anhaltenden Verbesserung der Koordination zwischen den beiden Gehirnhälften, die kurz im Zusammenhang mit dem Raven-Intelligenztest erwähnt wurde (Seite 47), trägt mit hoher Wahrscheinlichkeit die sogenannte Kinesiologie bei. Da eine besonders interessierte Sonderschullehrerin in zwei Fällen hierzu eigene Erfahrungen gesammelt und sorgfältig dokumentiert hat, möchte ich Sie an diesen Erfahrungen im nächsten Kapitel teilhaben lassen. So wie bei Olaf, dem Kind ohne Sprache, das Sie bereits kennengelernt haben, ein *anderes* Training eine meßbare, überdauernde Verbesserung der Ordnungsschwelle bewirkt hat, so hat diese Lehrerin den Erfolg eines kinesiologischen Trainings in zwei interessanten Fällen durch Messen der Ordnungsschwelle jeweils vor und nach dem Training nachweisen können. Doch zuvor eine allgemeine Einführung in die Ordnungsschwelle und die Therapie.

Die Ordnungsschwelle und die Therapie

Lassen Sie mich zunächst betonen, daß die in den folgenden Kapiteln über den Zusammenhang von Ordnungsschwelle und Aphasie, Stottern bzw. Autismus genannten Möglichkeiten und Beispiele *nicht* zur ungeübten Übernahme durch Laien bestimmt sein können. Diese Beispiele sollen vielmehr zunächst den Fachkräften neue Therapieansätze aufzeigen. Außerdem sollen sie dem Laien vermitteln, worin diese neuen Möglichkeiten bestehen, so daß ihm bei der Anwendung durch Fachkräfte ein leichterer Durchblick und ein vollständiges Verständnis ermöglicht wird. Dagegen sind die Beispiele in den nächsten Kapiteln über Ordnungsschwelle und Kinesiologie bzw. Lese-Rechtschreib-Schwäche auch für Nichtfachleute anwendbar. Hier kommt zunächst wieder unser bereits erwähnter Therapeut mit seinen Erfahrungen und daraus abgeleiteten Erkenntnissen zum Thema der Ordnungsschwelle zu Wort:

"Ich bin seit mehreren Jahrzehnten hauptberuflich in der Sprachheil-pädagogik und in der Logopädie tätig. Seit es die Möglichkeit gibt, Ordnungs-schwellenmessungen und Ordnungsschwellentraining in diese Therapien einzubauen, beobachte ich überraschend anders verlaufende Therapien. Was daran anders ist? Ich kann natürlich nur von den Patienten sprechen, die ich selbst in Betreuung habe – aber das sind sehr viele. Die Therapie-abläufe veränderten sich zunächst *zeitlich*, das heißt, die Therapien wurden erheblich beschleunigt. Ferner entstand das therapeutische Ergebnis über-zeugend, weil nicht am Symptom, sondern an einer der eigentlichen Ursachen gearbeitet wurde. Schließlich verschwanden in der Regel sogar zuerst die sekundären Begleiterscheinungen der Grundstörung, weil die Patienten in *einem* für sie wichtigen Bereich Erfolgserlebnisse hatten.

Grundsätzlich kann sicher keine therapeutische Maßnahme im sonderpäda-gogisch-therapeutischen Bereich für sich in Anspruch nehmen, daß sie *allein* eine Störung beseitigen kann. Das gilt natürlich auch für das Ordnungs-schwellentraining. Es war aber bisher wegen fehlender technischer Hilfs-mittel überhaupt nicht möglich, an dieser Grundstörung, also an einer abweichenden Ordnungsschwelle, zu arbeiten. Weder das Klavierspielen noch das Maschineschreiben, Trommeln oder Flöten erfordern für ihre Aus-übung das schnelle Zusammenspiel so vieler Hirnleistungsfunktionen wie das Sprechen mit den 20 bis 40 Millisekunden unserer Ordnungsschwelle. Andere therapeutische oder sonderpädagogische Fördermaßnahmen haben für laut- und schriftsprachliche Leistungen bei weitem nicht den Zugriff wie das Training der Ordnungsschwelle mit einem entsprechenden Gerät. Derartig schnell ablaufende Reize kann kein Mensch, sondern eben nur eine Elektronik erzeugen.

Mir sind selbstverständlich die zahllosen Möglichkeiten bekannt, wie es bei-spielsweise zu einer Lese-Rechtschreib-Schwäche kommen kann, wie es hirnorganisch zu einer Aphasie kommen kann, wie es zu einer Sprachrede-flußstörung kommen kann. Dennoch ist es fast niemals der 'böse Vater', der etwa die Redeflußstörung *Stottern* 'psychologisch verschuldet' hat. Er ist allenfalls derjenige, der durch seine Forderungen im Leistungsbereich und im Zeitbereich ein System überfordert, das für solche Anforderungen noch nicht oder so nicht belastbar ist. Ich wiederhole, daß mir diese Zusammenhänge gut bekannt sind. Ich beobachte aber, seitdem ich Ordnungsschwellentraining einsetze, daß die Ergebnisse meiner Therapien in wesentlich kürzerer Zeit erzielt werden, als dies in meiner jahrzehntelangen bisherigen Berufserfahrung möglich oder denkbar war.

Bei allen mein Berufsbild betreffenden Störungen geht es darum, daß sich im Gehirn mit kaum vorstellbarer Geschwindigkeit ständig wechselnde Verbindungen zwischen vielen Bereichen aufbauen müssen, um dann ein gemeinsames Ergebnis abliefern zu können, zum Beispiel ein gesprochenes Wort. Kritisch ist dabei, daß diese verschiedenen Bereiche verteilt sind auf die beiden Hirnhälften und daß somit nicht nur innerhalb *einer* Hemisphäre die Verbindungsbahnen blitzschnell hergestellt werden müssen, sondern in der *anderen* Hemisphäre ebenfalls, und daß dies alles dann zusammengeführt werden muß – im auditiven, im visuellen, im taktilen und im motorischen Bereich.

Bekannt ist, daß bei einem Schlaganfall in der linken Hirnhälfte ein Zusammenbruch von motorischen und auditiven Leitungsbahnen entsteht, daß also die Mitwirkung der linken Hirnhälfte unter Umständen vollständig ausfällt. Ferner ist bekannt, daß man beim lese-rechtschreib-gestörten Kind immer mehr von auditiver Wahrnehmungsstörung spricht – genauer gesagt eigentlich von auditiver Verarbeitungsstörung. Das ist weitgehend deckungsgleich mit dem erwähnten blitzschnellen Zusammenspiel innerhalb des Gehirns zwischen den verschiedenen auditiven Bereichen."

Bevor wir auf die einzelnen Störungen genauer eingehen, möchte ich noch einmal unseren Therapeuten mit einer hübschen Metapher zitieren, die er sich unter anderem für die Eltern der von ihm therapierten Kinder, aber auch für sprachauffällige Erwachsene ausgedacht hat und die für sein Bemühen, Verständnis für jede seine therapeutischen Maßnahmen zu wecken, und auch für seinen besonders achtungsvollen Umgang mit seinen Klienten bezeichnend ist. Er bezeichnet diese Metapher als das Gleichnis von der Endkontrolle:

"Alles, was den Mund verläßt, unterliegt einer Endkontrolle. Welcher Endkontrolle? In einer Fernsehgerätefertigung werden an langen Fließbändern an vielen Einzelplätzen zahlreiche Teile entweder von Hand oder mit automatischen Bestückungsvorrichtungen eingefügt. Widerstände, Kondensatoren, Induktoren, integrierte Schaltkreise, Transistoren und schließlich der Bildschirm. Am Ende sind alle Teile beieinander; das Gerät sieht aus, als ob man es benutzen könnte. Nun kommt es in die Endkontrolle. Erst dort wird festgestellt, ob die vielen erwähnten Teile im Gerät auch untereinander einwandfrei verbunden sind, Kontakt haben. Ganz am Ende dieser Endkontrolle wird das Gerät verpackt und mit Stempel und Unterschrift bestätigt, daß es einwandfrei arbeitet.

Genauso sehe ich es bei uns Menschen. In unserem Gehirn werden die vielen 'Teile' beispielsweise für ein Wort oder einen Satz zusammengefügt. Wenn aber etwas fehlerhaft zusammengefügt wird, zu langsam oder auch zu schnell abläuft, wer ist dann für die Endkontrolle verantwortlich? Bei der aus unserem Munde entfleuchenden eigenen Sprachproduktion übernimmt diese Endkontrolle unser Gehör. Es meldet blitzschnell zurück, was es wahrnimmt, und sorgt für ebenso rasche Nachbesserung. So geschieht es sicher bei allen Lesern dieses Buches, deren zentrale Hörverarbeitung einwandfrei funktioniert. Nur so kommt eine saubere Artikulation, ein richtig durchgegliedertes Wort oder eine stimmige Satzmelodie zustande. Manchmal versprechen wir uns. Manchmal aber auch nur beinahe – sicher kennen Sie das: Dann wird oft noch auf den Lippen korrigiert und der Versprecher 'in letzter Sekunde' verhindert. Falsch: in letzter Millisekunde! So blitzschnell schaltet also die Endkontrolle bei den Menschen, deren auditive Ordnungsschwelle einwandfrei arbeitet.

Bei artikulationsgestörten Kindern, bei lese-rechtschreib-schwachen Kindern, die ja ebenfalls *alle* eine Grundstörung in der Hör*verarbeitung* haben, bei Stotterern usw. läßt es die gestörte Endkontrolle des Ohres eben doch zu, daß etwas Falsches den Mund verläßt. Bei ihnen reagiert diese Endkontrolle des Ohres zu spät, nachdem das Wort den Mund längst verlassen hat, oder sie reagiert überhaupt nicht. Es hat keinen Zweck, wenn ein anderer demjenigen, der undeutlich oder überhastet spricht, den sicher gutgemeinten Rat gibt, er möge doch deutlicher oder langsamer sprechen, erst Luft holen oder erst überlegen.

Diese Ratschläge eines anderen sind deshalb sinnlos, weil es um die *auditive Eigenkontrolle* geht, und zwar *innerhalb desselben* Gehirns. Es ist im Augenblick der Fehlleistung ohne Belang, was ein Außenstehender danach bemerkt. Genau in diese Lücke, in das Unvermögen der zeitgleichen auditiven Eigenkontrolle, stieß das Ordnungsschwellenmeß- und -trainingsgerät. Wer beispielsweise eine auditive Ordnungsschwelle von 162 Millisekunden und eine Sprachstörung hat, bei dem arbeitet die auditive Ordnungsschwelle mit fünffacher Verlangsamung, das heißt die Fehlbildung hat längst den Mund verlassen, bevor die 'Endkontrolle' des Sprechenden überhaupt eine Chance hatte, diese zu bemerken und gar zu korrigieren."

Soweit zunächst unser Therapeut. Bleiben wir bei den Praktikern, die schon seit einiger Zeit mit dem Messen und Trainieren der Ordnungsschwelle eigene Erfahrungen sammeln und kritisch prüfen konnten. Für das nächste Kapitel und auch für das anschließende entfällt der Hinweis, daß Laien sich *nicht* mit den therapeutischen Anwendungen der Ordnungsschwelle befassen möchten. In jedem Fall kann das nachstehend beschriebene Beispiel von interessierten Laien, nachdem sie sich mit den Grundlagen der Kinesiologie befaßt haben, durchaus nachvollzogen werden, zumal die Ordnungsschwelle hier nur zum Messen des therapeutischen Erfolges herangezogen wird.

Kinesiologie

Kinesiologie ist die Lehre von der Bewegung der Muskeln zwecks Feststellung der Energielage des menschlichen Körpers vorzugsweise mittels der sogenannten Muskeltests. Die Zahl der auch therapeutisch tätigen Kinesiologen steigt ständig an. Dabei tritt häufig die Frage der Meßbarkeit der erzielten Erfolge auf. Eine engagierte deutsche Sonderschullehrerin, Frau Helga Siewers, hat schon zur Jahreswende 1993/1994 an zwei Fallbeispielen bestimmte kinesiologische Techniken und anschließend eine richtungweisende Erfolgskontrolle unter Benutzung der Ordnungsschwellenmessung eingesetzt.

Zwei Fallbeispiele

• Jens, 11 Jahre, war schon als Vorschulkind wegen eines verzögerten Sprachaufbaues auffällig geworden und vor allem deshalb ein Jahr später als üblich eingeschult worden. Er hatte mehrere Jahre Sprachtherapie und Bobath-Therapie durchlaufen. In seinen entwicklungsneurologischen Befunden wurden seine minimale cerebrale Bewegungsstörung und seine motorische Unruhe hervorgehoben. Seine unzureichenden Schulleistungen noch in der vierten Grundschulklasse waren nach den Feststellungen von Frau Siewers auf folgende Einzelursachen zurückzuführen:

Jens war sehr leicht ablenkbar und konzentrationsschwach. Seine Auge-Hand-Koordination war bei weitem nicht altersgerecht. Seine grobmotorischen Bewegungen waren völlig homolateral. Visuell auffällig war er insofern, daß er im mittleren Sehfeld einen "blinden Fleck" aufwies; so ließ er beispielsweise in jeder Zeile, die er las, eine Silbe oder ein kurzes Wort vollständig aus. Dies war für Frau Siewers ein deutlicher Hinweis auf die mangelnde Koordination der beiden Hirnhälften im visuellen Bereich. Daneben fiel es Jens deutlich schwer, die Buchstaben **b** und **d** voneinander zu unterscheiden, Text überhaupt richtig abzuschreiben und eigene Schreibfehler zu erkennen. Im auditiven Bereich konnte er bestimmte Phoneme nur mühsam voneinander unterscheiden. Seine Artikulation war – trotz der mehr-jährigen Sprachtherapie – immer noch leicht verwaschen. Besonders schwer fiel es ihm, die Reihenfolge von Lauten innerhalb eines Wortes zu erkennen und anzugeben. Dies alles war für Frau Siewers Anlaß, bei Jens mit Hilfe eines der ersten verfügbaren Geräte zum Testen der Ordnungsschwelle dessen Ordnungs-schwelle zu messen. Die Erstmessung am 19. Oktober 1993 ergab eine auditive Ordnungsschwelle von 240 Millisekunden und eine visuelle Ordnungsschwelle von 200 Millisekunden. Danach setzte das beschriebene kinesiologische Training ein.

• Christian, 10 Jahre, war ebenfalls vom Schulbesuch ein Jahr zurückgestellt wor-den. Als Frau Siewers ihn kennenlernte, saß er teilnahmslos mit stumpfem Blick im Unterricht und arbeitete wesentlich langsamer als seine Mitschüler. Seine unzurei-chenden Schulleistungen waren nach den Feststellungen von Frau Siewers auf folgende Schwächen zurückzuführen: Seine visuelle Gestaltwahrnehmung war auffallend schwach. Selbst einfache Buchstaben in der Vereinfachten Ausgangs-schrift, beispielsweise **m – r – h – a**, konnte er weder richtig abmalen noch diese in kurzen Wörtern, beispielsweise **im – auf – hat**, wiedererkennen. Der Grund dafür lag offenkundig in einer unzureichenden Auge-Hand-Koordination; denn führte man seine Hand in Form einer liegenden Acht vor seinem Gesichtsfeld, so gelang es ihm in keinem Bereich seines Sehfeldes, mit seinen Augen dieser Bewegung seiner Hand – und zwar sowohl der rechten Schreibhand als auch der linken Hand – zu folgen. Obwohl er sich anstrengte, kullerten seine Augen ziellos in jegliche Richtung.

Seine grobmotorischen Bewegungen waren völlig homolateral, was auch hier auf eine unzureichende Koordination der beiden Hirnhälften schließen ließ. Seine auditive Zentralverarbeitung war ebenfalls schwach; er konnte Laute im Wort kaum differenzieren, insbesondere konnte er deren Reihenfolge im Wort nicht angeben. Auch dies war für Frau Siewers wieder ein Hinweis auf die verlangsamte

Ordnungsschwelle und Anlaß, auch Christians Ordnungsschwelle zu messen. Die Erstmessung am 3. Oktober 1993 ergab eine auditive Ordnungsschwelle von 340 Millisekunden und eine visuelle Ordnungsschwelle von 220 Millisekunden. Deshalb setzte Frau Siewers auch hier das weiter unten beschriebene kinesiologische Training ein.

Grundsätzliche Betrachtungen

Die folgenden Grundsatzbetrachtungen dürften vielen Lesern dieses Buches geläufig sein. Deshalb straffe ich diesen Teil meiner Darstellung:

Neugeborene bewegen sich noch einseitig; ihre Hirnhälften haben noch keine ausreichend stabile Verbindung miteinander. Die Myelinisierung und Programmierung des Corpus callosum oder des "Balkens" formieren sich erst in der Kriech- und Krabbelphase, wenn also die Kinder beginnen, gekreuzte Bewegungsmuster zu erlernen. Bewegen sie beispielsweise gleichzeitig den rechten Arm und das linke Bein nach vorn, so wenden sie sich damit zugleich bestimmten visuellen, auditiven und/oder taktilen Reizen im rechten Gesichtsfeld zu. An diesen Reizen lernt die zentrale Sinnesverarbeitung, und neue Synapsen bilden sich vor allem unter Nutzung des Corpus callosum. Je mehr Bewegungs- und andere Reize das kindliche Hirn zu verarbeiten hat, um so stabiler werden die Nervenverbindungen zwischen den beiden Hirnhälften gebahnt und verstärkt.

Frau Siewers ging von der Annahme aus, daß Schüler mit homolateralen Bewegungen und deutlichen Wahrnehmungsschwächen vielleicht schon allein durch Überkreuzbewegungen in allen defizitären Wahrnehmungsbereichen aktiviert werden könnten, was sich dann in einer Verbesserung der als ursächlich angenommenen verlangsamten Ordnungsschwelle ablesen und beweisen lassen müßte. Synergistische Effekte würden so auch schnellere Reaktionszeiten in allen Wahrnehmungsbereichen bewirken, weil eben die verlangsamte Ordnungsschwelle als basale Funktion der "inneren Taktfrequenz des Gehirns" verbessert wurde. In diesem Sinne wurden die nachstehend beschriebenen Übungen ausgewählt, die entweder unverändert oder mit geringfügigen Modifikationen dem Buche "Brain-Gym" von Dr. Paul E. Dennison entnommen wurden.

Übungen zur Koordination der Gehirnhälften

Übung 1:

"Lege dich flach auf den Rücken und halte deine Hände unter dem Kopf verschränkt. Führe dein rechtes Knie zum linken Ellenbogen und anschlie-

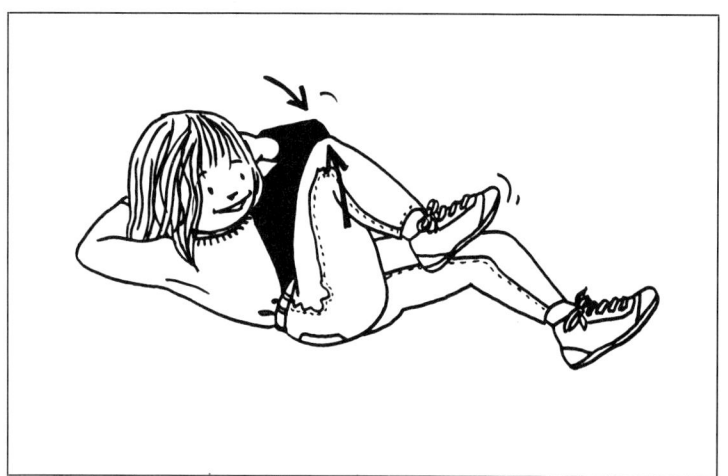

ßend das linke Knie zum rechten Ellenbogen. Diese Übung machst du täglich morgens zwanzigmal nach dem Aufstehen, wieder zwanzigmal vor deinen Hausaufgaben."

Übung 2:

"Lege dich flach auf den Rücken. Hebe dein linkes Bein und ziehe das gebeugte Knie bis zur Brust. Hebe den rechten Arm hoch und lege ihn mit ausgestrecktem Ellenbogen neben den Kopf. Drehe den Kopf nach rechts. Bewege den Kopf, das linke Bein und den rechten Arm wieder in ihre Ausgangslagen zurück. Wiederhole die Übung mit der anderen Seite. Diese Übung kannst du auch im Stehen machen. Auch diese Übung machst du bitte täglich morgens zwanzigmal nach dem Aufstehen und dann wieder zwanzigmal vor den Hausaufgaben."

Übung 3:

"Halte den Daumen zunächst der Schreibhand am gestreckten Arm in Augenhöhe vor die Körpermittellinie. Das wird der Mittelpunkt einer liegenden Acht, die du gleich in die Luft schreiben wirst. Zuerst machst du eine kreisähnliche Bewegung nach links oben und dann weiter im Kreis zurück bis zum Mittelpunkt. Anschließend führst du den Bogen nach

56

rechts oben und weiter, bis die liegende Acht geschlossen ist. Diese Übung machst du bitte täglich morgens nach dem Aufstehen und dann wieder vor deinen Hausaufgaben, und zwar jeweils fünfmal mit der Schreibhand und fünfmal mit der anderen Hand."

Bei der Übung 2 wurde Jens anfänglich schwindelig. Das war für Frau Siewers ein klares Indiz dafür, daß stabile Nervenverbindungen für die zentrale Verarbeitung dieser zusammenwirkenden Reize nur schwach angelegt waren und ihre "Unsicherheit" über das Vestibulärsystem signalisierten. Die liegende Acht in der dritten Übung ist dazu bestimmt, das rechte und das linke Sehfeld zusammenzufassen und zu einer ganzheitlichen zentralen Verarbeitung zu führen. Das bedeutet zugleich eine Verstärkung des binokularen Sehens, das bedauerlicherweise von den meisten Augenärzten und Augenoptikern in Deutschland nur unzureichend oder gar nicht untersucht wird. Durch allmähliches Steigern der Geschwindigkeit der Übung 3 sollte auch eine Beschleunigung der Reizaufnahme bewirkt werden, was sich wiederum in einer kürzeren Ordnungsschwelle ablesen lassen sollte.

Ergebnisse

Da Frau Siewers davon ausging, daß die Ordnungsschwellenwerte der beiden Kinder deutlich über den in der Literatur genannten Werten liegen würden, wurde schon zur Ermittlung der bereits genannten Anfangswerte das Gerät vorsorglich auf eine Ausgangsstellung von 200 Millisekunden gebracht, um eine unnötige psychische Belastung der Kinder durch zu viele Mißerfolgserlebnisse zu vermeiden. Es gelang Frau Siewers, beide Kinder zum regelmäßigen Ausführen der häuslichen Übungen zu motivieren. Im einzelnen stellten sich folgende Veränderungen ein:

Jens hat sich von seinem einseitigen Bewegungsmuster vollständig gelöst und bewegt wie selbstverständlich beim Gehen und beim Laufen die Arme und Beine gegenläufig. Er liest wesentlich besser und erkennt auch im mittleren Sehfeld jedes Wort. Entsprechend verbessert hat sich auch seine Rechtschreibung. Seine Mutter berichtet, daß sich auch seine Konzentrationsfähigkeit erheblich verbessert habe. Eine erneute Messung seiner Ordnungsschwelle am 20. Dezember 1993 ergab in allen Bereichen Werte um 40 Millisekunden – praktisch "normale" Werte.

Christian wirkt heute nicht mehr abwesend, sondern seine Augen strahlen. Seine Lehrer berichteten Frau Siewers, daß er nun interessiert und sachlich aufgeschlossen sei. Beim Abschreiben mache er gar keine Fehler mehr, während seine Rechtschreibleistungen noch förderungsbedürftig seien. In einem Mathematiktest habe er unlängst ein glatte Eins geschrieben, was früher undenkbar gewesen wäre, da er auch in diesem Fache viel zu langsam arbeitete. Auch Christian selbst sieht seine Verbesserung klar: "Ich kann mich jetzt viel besser konzentrieren." Kein Wunder: Seine neue Ordnungsschwelle, gemessen am 25. November 1993, betrug auditiv 57 und visuell 42 Millisekunden, also ebenfalls fast "normale" Werte.

Für beide Jungen war es natürlich anschließend unbedingt nötig, die beschriebenen Bewegungsübungen fortzusetzen, um das Gelernte zu festigen und bei den erreichten guten Ordnungsschwellenwerten zu bleiben – mit all den positiven Nebenwirkungen auf ihre Konzentrationsfähigkeit und auf ihre Persönlichkeit.

Lese-Rechtschreib-Schwäche

Aus der im Kapitel 5 beschriebenen Arbeit wissen wir, daß sprachunauffällige, also gutschreibende Kinder die typischen Ordnungsschwellenwerte von Erwachsenen etwa mit neun Jahren erreichen. Ferner wissen wir, daß sprachauffällige Kinder deutlich höhere Ordnungsschwellenwerte zeigen als sprachunauffällige. Im Wissen um diese Zusammenhänge ist auf meine Anregung hin an einer norddeutschen Grundschule eine Reihenuntersuchung der Ordnungsschwelle an allen Schülern durchgeführt worden, deren Eltern zuvor zugestimmt hatten. Die Ergebnisse dieser Arbeit, die an der Fachhochschule Hannover unter dem Titel "Statistische Auswertung einer Untersuchung an einer Grundschule und einer Kindestagesstätte 1993" von der Informatikerin Maike Schulz erstellt und mit der Bestnote bewertet wurde, belegen zum einen noch einmal klar an einer wesentlich größeren Schülerzahl, daß tatsächlich ein signifikanter Zusammenhang zwischen der Ordnungsschwelle und der Rechtschreibleistung der getesteten Kinder in denjenigen drei Jahrgangsstufen besteht, bei denen neben der Ordnungsschwelle auch die Rechtschreibleistung mit einem genormten Rechtschreibtest erhoben werden konnte. (Bei den soeben erst eingeschulten Erstkläßlern ließ sich natürlich die Rechtschreibleistung noch nicht erheben.)

Ein solcher statistisch eindeutig nachgewiesener Zusammenhang allein sagt natürlich nichts oder nicht viel darüber aus, worin die innere Verknüpfung zwischen den beiden gemessenen Werten besteht. Hierzu gibt es zwar noch keine direkt darauf abgestellten Untersuchungen, aber doch breiter angelegte internationale wissenschaftliche Arbeiten, die recht eindeutige Erklärungsmodelle zulassen. So hat die internationale Forschung auf dem Gebiete des verzögerten Aufbaues von Laut- und Schriftsprache schon vor geraumer Zeit festgestellt, daß die grundlegende Ursache für beide Auffälligkeiten in der zentralen Hörverarbeitung der Betroffenen zu suchen sei, und zwar vor allem in der *zeitlichen Reizverarbeitung*, das heißt in der Ordnungsschwelle. In einem Symposium an der New York Academy of Sciences vom 12. bis 15. September 1992 unter dem Titel "Temporal Processing in the Nervous System – Special Reference to Dyslexia and Dysphasia" berichteten mehr als hundert Wissenschaftler über ihre jüngsten Erkenntnisse auf diesem Gebiet. Unter ihnen waren zwei Deutsche. Der Berichtsband mit 60 Einzelreferaten liegt seit Juni 1993 vor. Das Vorwort der Leiterin dieses Symposiums, Frau Professor Paula Tallal von der Rutgers University in Newark, N. J., sei wegen seiner Wichtigkeit hier in der sorgfältigen deutschen Übersetzung zitiert, wenngleich die darin benutzte Fachsprache nicht jedem Leser sogleich voll verständlich sein muß. Ich habe aber wegen der Authentizität bewußt von jeder Veränderung der Originalfassung abgesehen:

"Traditionsgemäß sind Entwicklungsauffälligkeiten der Lautsprache (Dysphasie) und der Schriftsprache (Dyslexie) als getrennte klinische Erscheinungsbilder angesehen worden. Jüngere Forschungsergebnisse haben aber zu der Annahme einer engen Verbindung zwischen diesen beiden Entwicklungsstörungen geführt. Erstens haben Längsschnittstudien nachgewiesen, daß Kinder mit lautsprachlichen Auffälligkeiten auch ein hohes Risiko tragen, schriftsprachliche Störungen zu entwickeln. Zweitens scheinen die neuropsychologischen Profile, insbesondere auf dem Gebiete der phonologischen Auffälligkeiten und spezifischer *zeitlicher* Verarbeitungsdefizite, bei Kindern mit lautsprachlichen und mit schriftsprachlichen Auffälligkeiten sehr ähnlich zu sein.

Laut- und schriftsprachliche Auffälligkeiten sind sowohl aus linguistischer als auch aus neuropsychologischer Sicht untersucht worden. Die Ergebnisse der linguistischen Untersuchungen haben gezeigt, daß die Defizite zu einer Verdichtung auf der phonologischen Ebene neigen, mit spezifischen Problemen in der phonologischen Verarbeitung und Wahrnehmung. Neuropsychologische und neurophysiologische Untersuchungen haben bei diesen Kindern eine offenkundige Vielfalt von Auffälligkeiten erkennen lassen, die von auditiven und visuellen Verarbeitungsschwierigkeiten bis zu feinmotorischen Problemen reichen. In jüngster Zeit jedoch wird angenommen, daß sprachbehinderte Kinder eine spezifische *zeitliche* Verarbeitungsstörung aufweisen, die ursächlich sowohl für ihre phonologischen als auch für ihre neuropsychologischen Defizite sein dürfte und so den kleinsten Nenner für die Vielschichtigkeit ihrer Verhaltenssymptomatik darstellen dürfte.

Zeitliche Mechanismen im Nervensystem spielen eine zentrale Rolle in grundlegenden Aspekten der Informationsverarbeitung und -produktion und dürften besonders kritisch für die normale Entwicklung und Aufrechterhaltung sowohl der sensomotorischen Integrationssysteme als auch der phonologischen Systeme sein. Das Ziel dieser Konferenz war die Integration der Forschungsergebnisse zur *zeitlichen* Informationsverarbeitung in unserem Nervensystem auf den verschiedensten Gebieten und das Zusammenführen von Wissenschaftlern, deren Forschung sich auf die grundlegenden neuralen Wirkungsmechanismen der *zeitlichen* Integration, auf die grundlegenden Mechanismen der phonologischen Verarbeitung und auf Untersuchungen an laut- und schriftsprachlich behinderten Kindern konzentrieren. Wir hoffen, daß diese Druckschrift der Integration aller wichtigen anatomischen, physiologischen und verhaltensmäßigen Daten bezüglich der *zeitlichen* Informationsverarbeitung in unserem Nervensystem dienen wird, und zwar mit besonderer Betonung der zeitlichen Fehlfunktionen bei Kindern mit laut- und schriftsprachlichen Auffälligkeiten."

Frau Professor Tallal spricht in diesem Vorwort – ebenso wie die meisten Beiträge in dem mehr als vierhundertseitigen Berichtsband – immer wieder von "*zeitlicher* Informationsverarbeitung" (englisch "temporal information processing") und von "*zeitlichen* Verarbeitungsstörungen" (englisch "temporal processing disorder"). Der Begriff der Ordnungsschwelle ("order threshold") selbst war ihr aber zu meiner ernsthaften Überraschung fremd. Die Verwendung zweier unterschiedlicher Begriffe für einen nahezu identischen Vorgang muß allerdings nicht gegen diesen Vorgang sprechen.

Ich denke, daß eine verlangsamte Ordnungsschwelle nicht *unbedingt* eine Lese-Rechtschreib-Schwäche zur Folge haben muß, und zwar aus folgender Überlegung heraus: Wenn ein Kind während seines Sprachaufbaus eine gegenüber dem Durchschnittswert der Gleichaltrigen deutlich verlangsamte Ordnungsschwelle hat, wird es Schwierigkeiten mit dem Erkennen von Wörtern auf der Lautebene haben. Ist es aber sehr intelligent, so wird sein Gehirn unbewußte Ersatzstrategien ersinnen, die beispielsweise darin bestehen können, daß dieses

Kind gehörte Texte nicht auf der Lautebene, sondern auf der – längeren – Silben- oder gar Wortebene dekodiert. Da es in der deutschen Sprache nur etwa 40 Laute gibt, aber ein Vielfaches davon an Silben oder gar Wörtern, verbraucht ein solches Kind unnötig viel Energie mit einer derart unwirtschaftlichen Sprachdekodierung.

Also: Nicht jedes Kind mit verlangsamter Ordnungsschwelle *muß* eine Lese-Rechtschreib-Schwäche zeigen. Aber umgekehrt dürfte es kaum einen lese-rechtschreib-schwachen Schüler geben, dessen Ordnungsschwelle der eines gutschreibenden Gleichaltrigen entspricht. Unter den mehreren hundert lese-rechtschreib-schwachen Schülern, deren Ordnungsschwellen ich bis zur Ablieferung des Manuskriptes für dieses Buch selbst gemessen habe, war jedenfalls keiner mit der altersgerechten Ordnungschwelle eines Gutschreibenden. Das galt allerdings nur für die Zeit vor dem Training. Wie dieses Training arbeitet, dazu kommen wir im Kapitel 7.

Hier möchte ich einen besonders erfreulichen eigenen Fall vorstellen, bei dem aus Datenschutzgründen – wie bei allen Beispielen dieses Buches – nur die Kenndaten verfremdet wurden: Der siebzehnjährige Thomas, Sohn einer angesehenen Hamburger Familie, stand im März 1994 vor der schmerzlichen Erkenntnis, daß er die Mittlere Reife nicht schaffen werde. Ein herber Schock für die Eltern, beide Akademiker. Seit seiner Einschulung litt Thomas stark unter Lese-Rechtsschreib-Problemen, die zunehmend auch seine Leistungen in den meisten anderen Fächern niederdrückten. Auf Empfehlung seiner langjährigen Nachhilfelehrerin suchte er mich im März 1994 auf. Ich stellte als wichtige Ursache von Thomas' Legasthenie eine sehr stark verlangsamte Ordnungsschwelle fest. Mit einem klar verabredeten Training ging Thomas an die Arbeit. Anfang Juli 1994 erhielt er sein Zeugnis der Mittleren Reife mit einem Zensurenschnitt von 2,7. Sein nächstes Ziel ist nun das Abitur, das ihm vorher unerreichbar erschienen war.

Aber auch unser schon mehrfach zitierter Therapeut arbeitet mit lese-rechtschreib-schwachen Kindern. Er vertritt den Standpunkt, daß es in den meisten Fällen dieser Art nicht gelingen kann, *allein* mit dem Ordnungsschwellentraining etwas "zu heilen". Deshalb benutzt er meistens eine Kombination des Ordnungsschwellentrainings mit dem in meinem schon erwähnten Buch "Was Hänschen nicht hört ..." beschriebenen Hemisphärentraining. Nach seinen Erfahrungen wurden früher ohne das Ordnungsschwellentraining die unterschiedlichsten, aber selten ganz zufriedenstellende Ergebnisse erzielt, unter Hinzuziehung des Ordnungsschwellentrainings komme es zu einem förmlichen Umkippen in Richtung sehr guter Ergebnisse. Er meint, das dürfe daran liegen, daß man mit dem Ordnungsschwellentraining tatsächlich an die Ursache der Störung herankomme. Hier drei seiner beispielhaften Kinder:

Beispiel 1:
Sandra, 12 Jahre alt, zeigte ausgeprägtes Leistungsversagen im Bereich Lesen und Rechtschreibung. Im Hörtest der *zentralen Hörverarbeitung* ergaben sich rechts und links zahlreiche Ausfälle. Am 18. April 1994 betrug die auditive Ordnungsschwelle 255 (!) Millisekunden. Am 26. September 1994 waren es nur noch 89 Millisekunden. Vom Therapeuten vorsorglich zusätzlich aufgenommene EEGs vom 9. Mai 1994 und vom 26. September 1994 zeigen ebenfalls eine erstaunliche Veränderung der Hirnstromaktivitäten an. Auch die Rückmeldungen seitens der Schule bestätigen eine sehr positive Entwicklung. Erst durch dieses Training hat Sandra offenbar eine Chance erhalten, daß sie ihr Gehirn richtig einsetzen kann. Dieses Mädchen hat einen *Brain*-Boy (Seite 95), sie trainiert, nachdem sie aus der Schule gekommen ist, täglich mehrere Male jeweils zwei bis drei Minuten. Daneben finden weder Nachhilfeunterricht noch sonstige Förderung statt. *Dieses* Ergebnis ist also *nur* durch das Ordnungsschwellentraining erreicht worden.

Beispiel 2:
Unser Therapeut hat wiederholt festgestellt, daß beim Ordnungsschwellentraining nicht nur der Leistungsbereich aktiviert wird, sondern daß es zu erheblichen Veränderungen auch im sekundären Bereich, also zum Beispiel in der Motivation, im Verhalten, in der Atmosphäre und der Stimmung kommt. Simons Ordnungsschwelle am 13. Januar 1994 betrug 163 Millisekunden. Am 22. Juni 1994 waren es 29 Millisekunden. Im Januar 1994 war noch heiß diskutiert worden, ob der Junge überhaupt in die Klasse 6 versetzt werden könne. Kurz vor dem Versetzungstermin gab es darüber keinerlei Diskussion mehr – seine Leistungen waren ausgeglichen. Seine Mutter lieferte eine Auflistung typischer Eigenschaften und Verhaltensweisen ihres Sohnes vor und nach dem Training:

Vorher:	Nachher:
Rechtschreibschwäche	Lernerfolge im Deutschen
Konzentrationsschwäche	Gesteigerte Konzentration
Mangelnde Motivation	Starke Motivation
Schlechte Befindlichkeit	Gutes Allgemeinbefinden
Schlechtes Verständnis	Gutes Verständnis
Lange Verarbeitungszeiten	Kurze Verarbeitungszeiten
Mangelnde Aufnahmefähigkeit	Hohe Aufnahmefähigkeit
Schlechtes Reaktionsvermögen	Schnelles Reaktionsvermögen
Verwaschene Aussprache	Deutlichere Aussprache
Wenig Selbstkontrolle	Gute Selbstkontrolle

Beispiel 3:

Von Andreas gibt es umfangreiche Akten aus der Kinderneurologie mit dem Hauptinhalt von Teilleistungsstörungen und Schulleistungsversagen. Unter mehreren Geschwistern ist er der einzige, der große Schwierigkeiten hat. Der Vater ist hoher Beamter. Bis zum Beginn der Therapie bei unserem Therapeuten wurden über Jahre viele Versuche unternommen, dem Jungen mit den üblichen Fördermaßnahmen zu helfen, aber nichts hat gegriffen. Am 20. Mai 1994 leitete er bei Andreas sein inzwischen routinemäßiges EEG ab. Dann setzte er Andreas vor das Ordnungsschwellen-Trainingsgerät. Andreas arbeitete "wie ein Weltmeister" – aber 242 Millisekunden war das Ergebnis. Unmittelbar nach diesem Test, der ja gleichzeitig auch ein Training von drei Minuten darstellte, leitete er bei Andreas ein weiteres EEG ab. Daraus wurde schon sehr deutlich, was durch diese kurze Arbeit mit und an der Ordnungsschwelle in seinem Gehirn aktiviert wurde.

Am 23. September 1994 nahm unser Therapeut wieder ein EEG ab, aus dem nun erkennbar wurde, daß sich die Situation im Hirnstrombild ausglich. Bei all diesen Messungen war der Vater oder die Mutter anwesend. Sie bestätigten, daß sich bei Andreas etwas zu verändern begonnen hatte, und zwar sowohl schulisch als auch insbesondere in seinem persönlichen Befinden. Andreas hatte am 23. September 1994 eine auditive Ordnungsschwelle von 38 Millisekunden. Der Therapeut meint dazu, die Verbesserung der auditiven Ordnungsschwelle allein sei für ihn nicht das Entscheidende. Wichtiger sei ihm, daß sich bei diesem Kinde in seiner Gesamtsituation eine ganze Menge in Bewegung gesetzt habe.

Abschließend zu dieser Berichterstattung wendet er sich an solche Kollegen und Wissenschaftler, die auch mit lese-rechtschreib-schwachen Kindern arbeiten, und zwar vor allem an diejenigen, die wie er über die Möglichkeit der Aufnahme und Analyse von EEGs verfügen:

"Bei mir entstand die Überlegung, in einem großangelegten Feldversuch herauszufinden, welche Frequenzbereiche im EEG durch die Ordnungsschwelle allein besonders aktiviert werden. Die hier dargestellten drei Beispiele sollen meine Therapeutenkollegen dazu ermutigen, in ihre therapeutischen Überlegungen das Ordnungsschwellentraining einzubeziehen, weil dadurch sichtbare, spürbare und nicht zuletzt auch meßbare Ergebnisse entstehen."

Aphasie

Wir hatten davon berichtet, daß bei Aphasikern ein direkter Zusammenhang zwischen deren Ordnungsschwelle und der Sprachdiskrimination zumindest zwischen den Silben **da** und **ta** nachgewiesen wurde, obwohl diese Aphasiker ihre Ordnungsschwelle acht Wochen lang nur *einmal pro Woche* je *eine Stunde* trainieren konnten. Ich war natürlich interessiert zu ergründen, ob sich über diesen klinischen Versuch an einer vergleichsweise kleinen Zahl von Patienten hinaus auch an einer wirklich repräsentativen Patientenzahl dieser Zusammenhang zwischen Ordnungsschwelle und Aphasie nachweisen lassen würde. Auch hier verdanke ich unserem bereits zitierten Therapeuten wieder wertvolle Erkenntnisse. Unter den wöchentlich bis zu hundert von ihm betreuten Patienten sind auch zahlreiche Aphasiker. Lassen Sie mich aber an dieser Stelle ausdrücklich betonen, daß die Behandlung von Aphasikern – und sei es auch nur das Training von deren Ordnungsschwelle – immer von Fachleuten begleitet sein *muß*. Dabei kann es sich im Einzelfall um Ergotherapeuten, Logopäden, Sprachheilpädagogen oder Sprachheiltherapeuten handeln. Wenn auch für alle diese Berufsgruppen der Begriff der Ordnungsschwelle etwa bis 1994 fremd war, hat es inzwischen in deren einschlägigen Fachzeitschriften, in speziellen Seminaren und auf Jahresfortbildungskongressen reichliche Möglichkeiten gegeben, sich mit diesem Begriff und seiner Bedeutung vertraut zu machen.

Natürlich verfügt unser Therapeut auch mit dieser Patientengruppe inzwischen über umfängliche Erfahrungen; denn er arbeitet nicht nur in seiner Privatpraxis, sondern auch in der Intensivstation und in den Akutabteilungen einer großen Klinik.

Ihm sind deshalb Aphasiepatienten in den ersten Tagen nach einem Insult sehr vertraut. Oft genug steht er jemandem gegenüber, der ihn mit großen Augen anschaut, etwas sagen möchte – und es geht nicht. Nach seiner Überzeugung ist es bei den meisten Schlaganfallpatienten ziemlich sinnlos, mit einem Stück Papier den Patienten zum Lesen oder gar zum Schreiben bewegen zu wollen. In der Akutphase sind nach seiner Erfahrung andere Maßnahmen viel wichtiger: Zuwendung, Verständnis, also Angebote, die unter Umständen bei Sprachverständnisschwierigkeiten kognitiv nicht entschlüsselt werden müssen. Dazu gehört Musik, bei der auch gleichzeitig die psychische Wirkung zu beachten ist. Deshalb wird die Musik von ihm genau für jeden einzelnen Patienten ausgewählt. Doch hören wir ihn wieder selbst:

"Seit einigen Jahren arbeite ich bei Aphasikern in der Akutsituation und auch später in der ambulanten Therapie mit lateralisierter Musik. Auch in der Aphasietherapie hat die Ordnungsschwelle einen ganz bestimmten Stellenwert, aber erst später, nachdem andere Fragen abgeklärt und andere Störungen abgearbeitet sind. Zunächst muß dafür gesorgt werden, daß die linke Hemisphäre überhaupt wieder empfängt bzw. sendet. Das läßt sich im dichotischen Sprachverständlichkeitstest nachweisen. (Bei diesem Test werden den beiden Ohren des Patienten über Kopfhörer gleichzeitig zwei verschiedene zweistellige Zahlen oder dreisilbige Wörter zugespielt, die er *beide* wiederholen soll.) Anfangs antworten die Patienten auf die Angebote über das rechte Ohr, also die linke Hirnhälfte, überhaupt nicht. Sie wiederholen nur die Angebote über das linke Ohr. Nach einer bestimmten Zeit mit lateralisierter Klangtherapie verändert sich der dichotische Hörtest in seinen Ergebnissen erheblich. Auf der ursprünglich völlig ausgefallenen Seite antwortet der Patient nun schon mit Bruchteilen eines gehörten Wortes, anstelle von "Ofenrohr" zum Beispiel nur mit "...rohr", anstelle von "Lattenzaun" zum Beispiel nur mit "Latte...". Aber immerhin – die linke Hemisphäre meldet sich wieder zurück. Das ist nun der Augenblick, in dem das Ordnungsschwellentraining sinnvoll einzusetzen ist. Da das Ordnungsschwellentraining mit sehr hoher Verarbeitungsgeschwindigkeit abläuft und da die beiden Sinnesreize mit einem Abstand von nur einigen Hundertstelsekunden eintreffen, wäre es bei Patienten, die auf der einen Seite überhaupt nicht empfangen, sinnlos, am Anfang Ordnungsschwellentraining einzusetzen. Deshalb muß die beschriebene Vorarbeit erst abgeschlossen sein.

Nach einem schweren Insult bei einem zweiundachtzigjährigen Patienten machte ich versuchsweise einen Ordnungsschwellentest. Er war am 11. Januar 1994 nicht durchführbar. Am 15. März 1994 signalisierte der Patient nach lateralisierter Klangtherapie 112 Millisekunden. Am 7. Juni 1994 hatte er 62 Millisekunden erreicht. In der Zwischenzeit hatte sich seine Sprache sehr schön regeneriert und sein Sprachverständnis wiederaufgebaut. Geblieben sind nur noch Wortfindungsstörungen. Wenn er also zum Zahnarzt muß, überlegt er, ob er zum "Bohrmeister", zum "Zangenmunder" oder zum "Mann-mit-dicker-Backe" gehen muß, er findet also Umschreibungen. Am Anfang saß er nur schweigend da und zuckte nur mit den Schultern. Das zu Beginn am 11. Januar 1994 abgeleitete EEG und das vom 7. Juni 1994 spiegeln diese Verbesserung deutlich wieder.

Über eine längere Zeit habe ich bei Schlaganfallpatienten die eine Gruppe so behandelt, wie ich es seit mehreren Jahrzehnten kannte. Bei einer zweiten Gruppe habe ich über einen bestimmten Zeitraum vor allen Dingen auditives Training durchgeführt, wozu im ersten Abschnitt lateralisierte Klangtherapie gehört, und dann das Ordnungsschwellentraining. Dabei wurde klar, daß künftig bei keinem meiner Schlaganfallpatienten auf Klangtherapie und das Ordnungsschwellentraining verzichtet werden darf; denn der Unterschied in der Rehabilitation dieser Patienten war so gravierend, daß ich es aus ethischen Gründen nicht mehr verantworten könnte, diesen Patienten zu gegebener Zeit das Ordnungsschwellentraining vorzuenthalten. Es stellt schlicht eine Reaktivierung der zum Erliegen gekommenen Funktionen in wesentlichen Teilen ihres Gehirns dar, das durch andere Verfahren gar nicht erreicht werden kann."

Stottern

Zunächst eine kurze Begriffsbestimmung der beiden unterschiedlichen Redefluß-störungen, nämlich des "klonischen" und des "tonischen" Stotterns: Wenn jemand schon bei Anlaut eines Wortes, insbesondere bei den Verschlußlauten **b – d – g – k – p – t** immer wieder steckenbleibt und diese Laute hämmernd, manchmal fast maschinengewehrartig wiederholt, so ist er ein *klonischer* Stotterer. Das Wort "klo-nisch" kommt aus dem Griechischen und bedeutet soviel wie "schüttelnd, krampfhaft zuckend". Wenn er dagegen oftmals stumme Preßversuche zeigt, die dem Beginn oder dem Weitersprechen eines Wortes vorangehen, spricht man von einem *tonischen* Stottern. Das Wort "tonisch" stammt ebenfalls aus dem Griechischen und bedeutet in diesem Zusammenhang "durch anhaltende Muskelanspannung gekennzeichnet".

Über das Stottern sind viele kluge Bücher geschrieben worden. Betroffen vom Stottern sind in Deutschland etwa eine Million Menschen. Ein Teil von ihnen hat sich in Selbsthilfegruppen organisiert. Umfang und Art der verschiedenartigen Therapieverfahren lassen sich heute kaum noch übersehen. Manche Wissenschaftler erklären, daß *jede* Stottertherapie *zunächst* Abhilfe bringe, die aber in den wenigsten Fällen von Dauer sei. Ähnlich wie bei Tinnitus-Leidenden lautet die Empfehlung an die Austherapierten, daß sie lernen müßten, mit ihrem Leiden zu leben. Eine grundlegende, systematische Darstellung des Stotterns und seiner vermutlichen Ursachen findet sich in dem Standardwerk "Stottern" von Professor Peter Fiedler und der Diplompsychologin Renate Standop. Die Schlußfolgerung dieses Buches möchte ich in einem einzigen Satz zusammenfassen: "Der Stotterer stottert immer dann, wenn er Angst vor dem Stottern hat und weil er Angst vor dem Stottern hat." Dieser Feststellung kann man schwerlich widersprechen, da sie das Problem schlicht auf eine psychische, nicht meßbare Komponente reduziert, so daß sich jegliche weitere Ursachensuche und -diskussion ebenso wie die Suche nach wirksamer Therapie erübrigen würden.

Dieser Satz "Der Stotterer stottert immer dann, wenn er Angst vor dem Stottern hat" verweigert also leider auch dem Stotterer jeden Hinweis darauf, aufgrund *welcher* vorstellbaren zentralen hirnorganischen, innerpsychischen oder innerphysischen Verknüpfungen seine Angst vor dem Stottern die eigentliche Ursache dieses Stotterns sein könne. Damit entfallen weitgehend auch mögliche therapeutische Ansätze; allenfalls ließe sich an eine psychotherapeutische Behandlung denken, die ohnehin schon zur Palette der heute üblichen Stotterertherapien gehört und ähnlich erfolgsarm ist wie alle anderen. Deshalb geht meine Überlegung eines konkreteren Ursachenkonzeptes von einer weiterführenden Arbeitshypothese aus, die mit einer meßbaren und damit für den Stotterer nachvollziehbaren und einsehbaren Grundlage arbeitet, nämlich mit der Ordnungsschwelle.

Wir haben ja im Verlaufe dieses Buches schon eine ganze Anzahl von Personengruppen kennengelernt, deren Ordnungsschwellen von den ursprünglichen "Normalwerten" von Professor Pöppel mehr oder weniger weit nach oben abwichen. Durch weitere umfängliche Untersuchungen habe ich – wie auch schon an anderer Stelle erwähnt – feststellen können, daß die Ordnungsschwelle sehr stark kontextabhängig ist und selbst bei sogenannten "völlig normalen Menschen" beispielsweise unter Streß auf Werte von bis zum Doppelten ihrer Normalwerte ansteigen kann. Dazu gehörten auch Stotterer, bei denen die Ordnungsschwellenwerte situationsabhängig besonders stark zu schwanken scheinen.

Da sich aber, wie Sie sich erinnern werden, ein typischer Verschlußlaut **b – d – g – k – p – t** im Bereich von etwa 50 Millisekunden abspielt, ist bei einer derartigen Ordnungsschwelle ein rasches und treffsicheres Feedback der eigenen Sprachproduktion etwa durch einen Stotterer nicht mehr darstellbar. Die verunsicherte zentrale Hörverarbeitung des klonischen Stotterers könnte verzweifelt versuchen, durch wiederholtes, neuerliches Artikulieren vor allem dieser kurzen Phoneme das Defizit wieder in den Griff zu bekommen – so könnte sein Stottern entstehen. Beim tonischen Stotterer dagegen könnte dieser verlorengegangene Gleichtakt zwischen Produktion und Wahrnehmung des eigenen Sprechens zu den eingangs erläuterten verzögernden Preßversuchen vor Beginn oder innerhalb eines Wortes führen. Für diese Hypothese spricht, daß fast alle Stotterer erklären, sie hätten gelegentlich oder auch häufiger Zeiten, in denen sie "flüssig" seien, wie sie es gern formulieren. Das wären – in Verfolg meiner Hypothese – die Zeiten, in denen ihre Ordnungsschwelle kurz und normal ist.

Ich kenne eine Reihe von Stotterern, die mit Hilfe eines der im Kapitel 8 beschriebenen Geräte tatsächlich ihrer Ordnungsschwelle zu größerer Stetigkeit verholfen haben und damit zugleich auch die Zeiten verlängert haben, in denen sie "flüssig" sind. Aus diesen Einzelfällen, so möchte ich vorsorglich anmerken, können jedoch noch keine allgemeingültigen Schlüsse auf die Richtigkeit meiner obigen Arbeitshypothese gezogen werden. Vielmehr schiene es sinnvoll, an einer geeigneten Institution eine sorgfältige Untersuchung der Zusammenhänge zwischen Ordnungsschwelle und Stottern anzustellen. Etwaigen Interessenten an dieser Aufgabe unter den Lesern dieses Buches würde ich bei der Aufgabenstellung und auch bei der Durchführung nach Kräften behilflich sein.

Bei einer derartigen Untersuchung – und in jedem Einzelfall eines Stotterers – sollte aber sorgfältig auf eine Erscheinung geachtet werden, die nach meinen Erfahrungen bei Stotterern besonders häufig auftritt und eine dauerhafte Heilung des Stotterns von vornherein verunmöglicht, nämlich der "sekundäre Leidensgewinn". Dieser Begriff läßt sich – in Anlehnung an "Pschyrembel Klinisches Wörterbuch" – als der objektive oder gegebenenfalls auch subjektive Vorteil definieren, den ein Mensch aus seiner Krankheit zieht, und zwar beispielsweise durch Zuwendung und Anteilnahme, Entlastung von alltäglichen Pflichten und Belastungen sowie Gewährung sozialer und/oder ökonomischer Vorteile. Werden diese Vorteile subjektiv im Vergleich zum Leiden als gewichtiger erlebt, hat kaum ein Therapeut eine Chance, sofern er das zugrunde liegende Modell nicht durchschaut.

Und gerade der Stotterer, das dürfte schon nach kurzem Nachdenken offenkundig werden, hat neben der Belastung durch sein Stottern auch eine ganze Reihe von Vorteilen, die er aus seinem Stottern ziehen kann. Dazu gehören die Rücksichtnahme durch andere, der zum Nachdenken nutzbare Zeitgewinn beim Stottern und manchmal auch das Selbstmitleid. Allen Fällen gemeinsam, in denen diese Erscheinung auftritt, ist das bekannte Sprichwort, daß man "einen Hund nicht zum Jagen tragen kann". Wenn ein – zumeist unbewußter – sekundärer Leidensgewinn unerkannt bleibt, ist auch ein ansonsten erfolgversprechendes Therapieverfahren zur Aussichtslosigkeit verurteilt. Dann hülfe also auch ein sonst vielleicht erfolgreich wirkendes Training der Ordnungsschwelle nicht weiter. Die Angabe von Möglichkeiten, wie man mit dem Phänomen des sekundären Leidensgewinnes umgehen kann, würde den Rahmen dieses Buches sprengen. Da verweise ich gern auf das Neurolinguistische Programmieren (NLP) und dort wieder vor allem auf das "Six-Step-Reframing".

Aber einige hoffnungweckende Erfahrungen aus der Praxis liegen auch in Richtung der Stotterer bereits vor. Wieder ist es unser äußerst rühriger Therapeut, dem ich eine weiterführende Hypothese verdanke, nach der er seinen Stotterern neuerdings hilft. Ich gebe diese ebenfalls noch nicht breiter abgesicherte Hypothese deshalb mit denselben Vorbehalten wieder, die schon für meine bisherigen Ausführungen in diesem Kapitel gelten: Sein grundsätzliches Vorgehen basiert auf der sorgfältigen Messung der Ordnungsschwelle gleich beim Erstkontakt mit dem Stotterer und einer Verknüpfung mit dem "Lee-Effekt". Bevor wir sein weiteres Vorgehen betrachten, müssen Sie diesen Begriff und das damit verknüpfte Verfahren kennenlernen, das er im Zusammenhang mit seiner Arbeit an Stotterern benutzt, also den "Lee-Effekt":

Der amerikanische Wissenschaftler Lee hat schon 1950 ein Verfahren ausgetüftelt, das dann auch nach ihm benannt wurde und darin besteht, daß einem sprechenden Menschen seine eigene Stimme zeitlich verzögert zugeführt wird. Das geschah zu jener Zeit noch mittels einer Tonbandaufzeichnung, bei der mit getrennten Aufnahme- und Wiedergabeköpfen gearbeitet wurde. Um diejenige

Zeitspanne, die das Tonband brauchte, um die Strecke zwischen den beiden Köpfen zurückzulegen, hinkte der Wiedergabeton gewissermaßen hinterher. Heute läßt sich diese gewünschte Verzögerung elektronisch ohne mechanisch bewegte Teile fast beliebig klein darstellen, und zwar im Bereich zwischen einer bis zu mehreren hundert Millisekunden. Soviel zur Technik des Lee-Effektes. Nun zu seiner Anwendung:

Läßt man einen flüssig sprechenden Menschen in das Mikrofon einer derartigen Lee-Verzögerungseinrichtung sprechen, so daß er seine eigene Stimme solcherart verzögert hört, beginnt er sofort zu stottern. (Das ist inzwischen bei einigen Armeen dieser Welt eine bewährte Methode, um Hörbehinderungssimulanten zu überführen: Wenn sie wirklich hörbehindert sind, nehmen sie ihre verzögerte Sprache im Kopfhörer gar nicht wahr und sprechen zügig weiter. Haben sie aber die Hörbehinderung nur simuliert, so hören sie ihre eigene verzögerte Stimme, beginnen prompt zu stottern und sind als Simulanten überführt ...) Die einleuchtende Erklärung für diese Auswirkung besteht darin, daß flüssig Sprechende – dank ihrer kurzen Ordnungsschwelle – ihre eigene Stimme sonst sofort, also ohne jede merkbare Verzögerung, mithören. (Erinnern Sie sich an die Metapher von der "Endkontrolle".) Mit dem Lee-Effekt werden sie aus ihrem Takt gebracht und beginnen prompt zu stottern.

Es lag nahe, diesen Effekt nun auch bei Stotterern auszuprobieren. Und das Erstaunliche geschah: Zahlreiche Stotterer hörten bei diesem Versuch spontan auf zu stottern. Allerdings auf Kosten ihrer Sprechgeschwindigkeit; denn die paßten sie automatisch der verzögerten Wahrnehmung ihrer eigenen Stimme an. Geschäftstüchtige Elektronikhersteller liefern seitdem miniaturisierte Geräte mit einer solchen Lee-Verzögerung zur ständigen Benutzung durch Stotterer. Die genaue Verzögerungszeit muß damit einstellbar sein, weil sie für jeden Stotterer andere Werte aufweisen muß. Erkennen kann man die damit Ausgerüsteten leider daran, daß sie nun, anstatt zu stottern, ständig extrem gedehnt sprechen, was fast noch auffälliger ist als gelegentliches Stottern. Das dürfte auch der Grund sein, weshalb die Verbreitung dieser Lee-Geräte auch unter solchen Stotterern, die ernsthaft davon befreit werden möchten, sehr gering ist. Aber an der eben erwähnten Tatsache, daß die *richtige* Verzögerungszeit offenbar ein höchstpersönlicher Wert jedes einzelnen Stotterer ist, setzt die oben angekündigte bemerkenswerte Überlegung ein:

Wenn auch das Stottern – wie ausführlich dargelegt wurde – die Auswirkung einer ständig oder zeitweise verlangsamten Ordnungsschwelle wäre, müßte sich doch durch eine akustische Rückmeldung der Sprache des Stotterers *genau* entsprechend seiner augenblicklichen Ordnungsschwelle die *richtige* Zeitdauer für die Kontrolle dieses Stotterers über seine Sprachproduktion ergeben. Hat der Stotterer also beispielsweise – und das ist ein realistischer Wert! – eine Ordnungsschwelle von 120 Millisekunden, so wäre auf dem Lee-Gerät eine Verzögerung von ebenfalls 120 Millisekunden einzustellen, um dieser arg langsamen zentralen Hörverarbeitung genau zu entsprechen. Unser Therapeut hat diese Annahme, wie er mir berichtete, an zahlreichen Stotterern überprüft. In allen Fällen ergab sich bei dieser Art der Festlegung der Lee-Verzögerung anhand der zuvor gemessenen Ordnungsschwelle ein spontanes Aufhören des Stotterns – natürlich nur solange die Verzögerung aufrechterhalten wurde und unter Inkaufnahme der nun entsprechend gedehnten Sprechweise des Stotterers.

Deshalb hat er diese Methode auch nur zum überzeugenden Nachweis der Richtigkeit seiner Annahme und zur Überzeugung seiner stotternden Patienten benutzt. Seine eigentliche Therapie besteht dann wieder im systematischen Einsatz des Trainings der Ordnungsschwelle. Damit rückt er ganz bewußt von der starken Betonung psychischer Einflußgrößen ab, die in den bisherigen Vermutungen der Ursachen des Stotterns eine so große Rolle spielen. Hören wir ihn wieder selbst:

"Ich möchte mich auf keinen Fall in die Diskussion über das Thema der Stotterertherapie einlassen. Ob Erziehungsberatung, Psychotherapie, Sprachheilschule, ob Atemübungen oder ähnliches – das steht für mich hier nicht zur Diskussion. Nachdenkenswert ist es für mich jedenfalls, wenn in einer Familie mit vier Kindern nur *ein* Kind mit einer Redeflußstörung behaftet ist. Bei identischem Elternhaus, bei gleicher Wohnumgebung haben die drei anderen Geschwister keine sprachlichen Probleme. Was also ist es, das nur bei diesem einen Kind die ruhige, gleichmäßig fließende Sprache aus der Bahn wirft? Sprachtherapeuten wissen, daß man zumindest in klonisches und tonisches Stottern unterscheiden kann. Beim einen kommt es zu ganz harten Blockaden, zum "Hängenbleiben" an Lauten wie **T** oder **K**. Beim anderen kommt es zum Wiederholen ein und desselben Wortes oder einer Wortpassage, und zwar fast immer unter Einbeziehung von Vokalen, Klängen, Rhythmen, Silben.

Betrachten wir diese beiden Arten des Stotterns im Gehirn, dann ist die Problematik beim klonischen Stottern ganz offenbar in der linken Hirnhälfte zu finden, während sie beim tonischen Stottern in der rechten Hirnhälfte zu suchen sein dürfte. Dies läßt sich durch meine Meßergebnisse und letztlich auch durch die Ordnungsschwellenmessung jetzt beweisen. Mißt man bei einem Kind oder einem Jugendlichen mit der Redeflußstörung Stottern die Ordnungsschwelle, so erhält man fast immer einen sehr hohen Wert, zum Beispiel 197 Millisekunden. Betrachten wir das genauer bei einem tonisch stotternden Kind, dann werden wir feststellen, daß die meisten ankommenden Meßklicks bei der Ordnungsschwellenmessung auf der *linken* Seite viel zu spät bzw. überhaupt nicht wahrgenommen werden. Das System über das linke Ohr in die rechte Hirnhälfte reagiert also zu langsam.

Nun arbeiten beim Sprechen aber immer beide Hirnhälften zusammen. Das Sprachzentrum links produziert die Artikulation, und das Klangzentrum rechts sorgt für den Klang, die Melodie. Wenn zwischen diesen beiden Bereichen eine zeitliche Diskrepanz besteht, kommt es nach meinen Feststellungen zu Auffälligkeiten im Sprachredefluß. Diese Auffälligkeiten sind entweder schwerpunktmäßig linkshirnig durch das Wiederholen von Konsonanten und das harte Hängenbleiben gekennzeichnet (klonisch), oder sie werden rechtshirnig durch das Anschleifen, das mehrfache Ansetzen eines Vokals, einer Silbe, eines Wortes verursacht (tonisch).

Wenn ich einem solchen Redeflußgestörten den Kopfhörer eines Lee-Gerätes aufsetze und das von ihm in das Mikrofon des Lee-Gerätes Gesprochene bis zum Eintreffen an seinem Ohr verzögere, bremse ich sein Sprechen ab, verlangsame sein Sprechen und bringe es mit seiner akustischen Eigenkontrolle in Übereinstimmung, indem ich – in *einem* bestimmten Falle – eine Verzögerungszeit von 197 Millisekunden einstelle. Ergebnis: Symptomfreies, langsames, aber unnatürliches Sprechen. Überprüfe ich bei diesem Stotterer die Ordnungsschwelle, so finde ich genau die 197 Millisekunden bestätigt. Das bedeutet, daß die Ordnungsschwelle die eigentliche Verlangsamung seiner inneren hirnorganischen Prozesse einschließlich der 'Endkontrolle' nachweist. Das, was er sagen möchte, ist also ohne hinreichende Kontrolle und Steuerung bereits an seinem Mund und will zum Mund hinaus. Die gemessenen Werte der Ordnungsschwelle stimmen also recht genau mit den gemessenen Werten des Lee-Effekts überein. Hier ein typisches Beispiel:

72

Denise, ein Mädchen, litt an einer schweren Redeflußstörung. Am 16. Dezember 1993 hatte dieses Mädchen eine Ordnungsschwelle von 197 Millisekunden. Sie gehört zu denen, die versuchsweise von mir *nur* über die Ordnungsschwelle trainiert wurden. Am 10. März 1994 hatte dieses Mädchen eine Ordnungsschwelle von nur noch 38 Millisekunden. In diesen knapp drei Monaten signalisierten die Mutter und auch die Klassenlehrerin, die das Kind oft zu mir begleitet, daß das Kind immer flüssiger spreche. Bei mir in der Praxis sprach das Mädchen nun symptomfrei. Ich kannte sie schon über lange Zeit mit schwerem Stottern. Im Juli 1994 setzten wir Denise wieder unter das Lee-Gerät. Das nun symptomfrei sprechende Mädchen begann genau bei der Einstellung der Verzögerung von 197 Millisekunden, wieder ganz schlimm zu stottern. Nachdem ich bei Denise das Lee-Gerät sofort wieder abgeschaltet hatte, sprach sie symptomfrei wie zuvor.

Damit haben zwei Geräte einander die Hand gereicht. Die Wirkung eines Lee-Gerätes besteht darin, Sprache zu verzögern und verzögert an das Ohr des Sprechenden zurückzuliefern. Im Grunde genommen geschieht dabei nichts anderes, als daß die hirnorganischen Steuerungsprozesse, also auch deren Ablaufgeschwindigkeit, so verlangsamt werden, daß bei einem Stotterer unter dem Kopfhörer eine symptomfreie, aber unnatürliche Sprache entsteht. Die Ordnungsschwelle arbeitet dagegen umgekehrt: Eine so verlangsamte Ordnungsschwelle kann durch das Training mit dem Ordnungsschwellentrainer so beschleunigt werden, daß eine symptomfreie Sprache erreicht wird. Zum Beweis diente wieder meine EEG-Ableitung. Bei Denise und vielen anderen stotternden Kindern und Jugendlichen leitete ich nach dem Erfolg wieder das EEG ab und stellte mit großer Befriedigung fest, daß alle diese EEGs in bestimmten Frequenzbereichen der Hirnströme deutlich erkennbare Auffälligkeiten ausweisen, nämlich zu geringe Amplituden. Genau diese Bereiche werden ganz offenbar durch das Ordnungsschwellentraining angeregt, aktiviert und intensiviert, und dies bleibt auch erhalten.

Mir als erfahrenem Therapeuten ist natürlich bekannt, daß es auslösende Momente für das Stottern gibt, situationsbedingtes Stottern bei ganz bestimmten Gesprächspartnern, gegenüber dem Vater, in der Schule, gegenüber dem Hausmeister usw. Wenn die Systeme dieses Kindes, die vorher nicht voll belastbar waren, unter hohe Belastung gesetzt werden, also unter Leistungsdruck, Angstdruck oder Zeitdruck, geht das nicht gut. Das ist auch die Begründung, weshalb in einer Familie nur *ein* Kind eine Sprach-redeflußstörung aufweist – es hat eine Vorbelastung, nicht im Sinne einer Schädigung, sondern im Sinne eines Funktionsdefizits. Ich kann zu diesem Thema und zu diesem Problemkreis nur das berichten, was mir beim Einsatz der Ordnungsschwelle bei Stotterern auffiel, zumal ich eine Reihe von Meßmöglichkeiten besitze, die dies alles belegen. Es wäre sicher sehr reizvoll, wenn von anderen Therapeuten ähnliche Beobachtungen unter Einsatz des Ordnungsschwellentrainings angestellt würden.

Die mir jahrzehntelang bekannte Diskussion über die Ursache des Stotterns, also ob hirnorganisch oder psychisch bedingt, erhält mit Hilfe des seit Ende 1993 möglichen Messens der Ordnungsschwelle völlig neue, nämlich funktionelle Gesichtspunkte, meßbare Fakten. Es ist erstaunlich, daß seit 1950, dem Jahre der Einführung des Lee-Gerätes zu einer Sprachverzögerung, solange der Kopfhörer getragen wird, niemand auf die Idee gekommen ist, die Wirkung des Lee-Effekts im Gehirn mit elektronischen Mitteln *umzukehren*. Also nicht verzögern, sondern beschleunigen und so zusammen-führen – das gelang erst mit der Idee des Trainings der Ordnungsschwelle."

Autismus

Seitdem vor recht genau fünfzig Jahren zwei österreichische Wissenschaftler unabhängig voneinander zwei verschiedene Ausprägungen des "frühkindlichen Autismus" beschrieben haben, sind international Tausende von Veröffentlichungen zur optimalen Diagnose, zu den vermutlichen Ursachen und zu möglichen Therapien erschienen. Aber auf keinem dieser drei Teilgebiete kann bis heute nach meinen Feststellungen von einem wirklichen Fortschritt gesprochen werden. So darf es nicht verwundern, wenn sowohl die Angehörigen als auch die berufsmäßigen Betreuer von Autisten mit zunehmender Skepsis jeder Ankündigung neuer vermeintlicher Ursachen und vor allem neuer Therapieverfahren begegnen, um nicht eine weitere Enttäuschung zu erleben. Genau aus diesem Grunde habe ich meine eigenen Überlegungen zu einem möglichen Zusammenhang zwischen Autismus und der zentralen Hörverarbeitung, also auch der Ordnungsschwelle, besonders kritisch geprüft und mit Eltern sowie anderen Betreuern von Autisten diskutiert. Deshalb bitte ich vor allem auch jeden Leser, der im weitesten Sinne mit Autisten zu tun hat, die Wahrscheinlichkeit meiner nachstehenden Überlegungen anhand seiner etwaigen Erfahrungen mit autistischen Kindern zu überprüfen:

In der von mir bisher eingesehenen Literatur über Autismus finden sich keine schlüssigen Hinweise auf organische Ursachen. Dagegen kann, wie Zwillingsuntersuchungen belegen, eine genetische Prädisposition, also eine vererbliche Grundveranlagung, nicht ausgeschlossen werden. Dafür spricht auch die Tatsache, daß etwa 80 % der Autisten männlichen Geschlechts sind. Ein wichtiger Schwerpunkt der Symptomatik liegt in der zumeist stark beeinträchtigten lautsprachlichen Kommunikation des Autisten. Dabei ist aber erst in jüngerer Zeit erkennbar geworden, daß der passive Wortschatz von Autisten sehr breit angelegt sein kann und daß viele Autisten der Schriftsprache mächtig sind. Das wurde weitestgehend durch die sogenannte "gestützte Kommunikation" nachgewiesen, mittels derer sich Autisten über Computer klar äußern und sogar anspruchsvolle Bücher schreiben konnten. Unter Berücksichtigung dieser Fakten entstand das nachstehend erläuterte Modell, bei dem zunächst das umfänglichere Verständnis der Funktion des Hörens eine wichtige Rolle spielt.

Danach ist für das Verstehen der von anderen gesprochenen Sprache die stetige Kontrolle der zeitlichen Abbildung des Sprachflusses in unserer zentralen Hörverarbeitung von größter Bedeutung. Aber auch zur Rückmeldung über das eigene Sprechen muß diese zeitliche Abtastrate mit der Sprachproduktion ständig synchronisiert sein, um mit ihr Schritt zu halten. Wenn wir einmal annehmen, daß die zentrale Hörverarbeitung eines Kindes beispielsweise zu Beginn seiner aktiven, sinnvollen Sprachproduktion das von anderen Gesprochene nicht versteht und auch nicht Herr seiner eigenen Sprachproduktion wird, so könnte dies vom Kind als massive innere Bedrohung erlebt werden.

Es ist sicher kein Zufall, wie wir von Birger Sellin, dem wohl bekanntesten deutschen Autisten, Autor von "Ich will kein Inmich mehr sein", wissen, daß er sich bis zum zweiten Lebensjahr völlig normal – einschließlich des Lautsprachaufbaues – entwickelte und erst nach zwei *mehrwöchigen Mittelohrentzündungen* die autistischen Symptome zeigte. War infolge des unterbrochenen Reifungsprozesses seiner zentralen Hörverarbeitung das oben beschriebene Phänomen eingetreten, daß er andere und sich selbst nicht mehr verstehen konnte? Die innere Auswirkung eines solchen Erlebens könnte bei ihm und anderen Autisten darin bestanden haben, fortan auch eigene sinnvolle verbale Äußerungen zu unterlassen, um diese Bedrohung dauerhaft zu vermeiden.

Um diese Annahme modellhaft zu überprüfen, habe ich mit einer Gruppe von sehr einfühlsamen Menschen, mit denen mich eine mehrjährige Vertrauensbeziehung verbindet, einen zunächst ungewöhnlich scheinenden Versuch gemacht. Ich habe diese überwiegend jungen Erwachsenen gebeten, sich nacheinander bestimmte Situationen zu vergegenwärtigen, in die ich sie gedanklich und gefühlsmäßig hineinführen würde. Im Anschluß an jede einzelne Situation sollten sie dann aufschreiben, welche Empfindungen sie erlebt hatten. Hier sind die einzelnen Phasen, in die sich meine Freunde hineinversetzen ließen, und darunter jeweils die zugehörigen Antworten. Erwähnen sollte ich noch, daß keinem der Teilnehmer vor oder während des Versuches irgendein Zusammenhang mit Autismus bekannt war. Selbst nachher waren alle überrascht zu erfahren, welchen Hintergrund meine Bitte gehabt hatte:

1. Stell dir einmal vor, du seiest gerade etwa zwei Jahre alt. Dein bisheriges Leben ist völlig normal und fröhlich verlaufen. Du bist gesund und kräftig. Dein aktiver Wortschatz besteht altersgerecht aus rund 100 Wörtern. Dein passiver Wortschatz ist weitaus größer; du verstehst die Erwachsenen recht gut – manchmal sogar besser, als sie ahnen. Wie ist dir zumute?

"Will noch mehr können – will greifend die Welt erfassen – bin glücklich – fühle mich angenommen – bin zufrieden – bin aktiv – bin neugierig"

2. Da hast du plötzlich, ohne jede Vorwarnung, mitten in der Nacht ganz starke Schmerzen zunächst im linken Ohr und dann in beiden Ohren. Du rufst nach deiner Mutter und merkst, daß deine Stimme nur ganz leise und schwach klingt. Mutti wird dich sicher gar nicht hören können. Du schreist und weinst weiter. Kommt denn keiner? Wie ist dir zumute?

"Bin verzweifelt – bin ängstlich – fühle mich abgetrennt – fühle mich ohnmächtig – fühle mich bedroht – fühle mich allein – bin traurig – bin wütend"

3. Endlich kommt Mutti. Aber auch ihre Stimme klingt nur ganz dumpf und schwach, so daß du sie überhaupt nicht mehr verstehen kannst. Mutti wirkt sehr aufgeregt und durcheinander. Sie holt den Vati dazu. Aber auch ihn kannst du nicht verstehen, obwohl beide ganz laut miteinander zu sprechen scheinen. Es muß wohl etwas sehr Schlimmes mit dir los sein. Wie ist dir jetzt zumute?

"Bin sehr ängstlich – bin aufgeregt – mir ist übel – ich bin weg, weit weg – will auf den Arm genommen werden – bin verwirrt – bin unsicher – bin verzweifelt"

4. Jetzt lassen Sie dich allein. Die Schmerzen werden stärker. Du wimmerst nur noch vor dich hin. Aber auch dein eigenes Wimmern kannst du kaum noch hören. Nach langer, langer Zeit kommen Mutti und Vati und ein Mann mit einer großen Tasche. Der setzt sich an dein Bett. Ohne ein Wort zu sagen, nimmt er eine blanke Röhre aus seiner Tasche und steckt sie in dein eines Ohr und dann in das andere. Das tut noch mehr weh. Er macht ein ganz ernstes Gesicht und sagt etwas zu Mutti und Vati, was du wieder nicht verstehst. Beide nicken, Mutti hat Tränen in den Augen. Mußt du sterben? Wie ist dir zumute?

"Habe panische Angst – fühle mich verlassen, vergewaltigt – fühle mich allein – fühle mich betäubt, apathisch – habe keinen Boden unter den Füßen – ich schwebe – fühle mich trostlos und ängstlich"

5. Du weißt nicht, wie lange du im Bett liegen mußtest und Medizin bekommen hast. Aber die ganze Zeit hast du nicht mehr verstehen können, was alle anderen gesprochen haben. Und auch deine eigenen Versuche, ihnen zu sagen, wie schlecht es dir geht, konntest du selbst nicht verstehen. Du lebst von ihnen getrennt! Vielleicht für immer? Wie ist dir zumute?

"Bin völlig allein – fühle mich unverstanden – bin ausgegrenzt – bin verlassen – lebe in einer geschlossenen Kugel – kann nicht hinaus – bin stumm schreiend – bin ohne jede Hoffnung – bin total isoliert"

Vor allem während der beiden letzten Schritte sind die zunehmenden Anklänge an die innere Situation eines Autisten, wie sie Birger Sellin in dem erwähnten Buche "Ich will kein Inmich mehr sein" so eindringlich schildert, unverkennbar. Es ist schon erstaunlich, welchen Einfluß es allein in der bloßen Vorstellung auf einen Menschen hat, wenn er Sprache und ihre Bedeutung für die menschliche Kommunikation erst kennengelernt hat und dann tatsächlich oder vermeintlich wieder verliert. Ich denke, daß diese mögliche Ursache des Autismus in der bisherigen Forschung zu wenig berücksichtigt worden ist. Ziehen wir als weiteres Beispiel ein Zitat von Donna Williams heran, der international wohl berühmtesten

Autorin der beiden Bestseller "Ich könnte verschwinden, wenn du mich berührst" und "Wenn Du mich liebst, bleibst du mir fern":

> "Wenn ich sprach, hörte ich Geräusche, war aber zum großen Teil taub für die Bedeutung dessen, was ich sagte. Ich mußte darauf vertrauen, daß es überhaupt verständlich war."

Und noch ein Zitat:

> "Ich konnte nur fünf bis zehn Prozent von dem, was andere zu mir sagten, verstehen, es sei denn, ich *wiederholte mir die Wörter.*"

Weitere Aussagen dieser Art durchziehen fast regelmäßig beide genannten Werke von Donna Williams. Für meine Hypothese sind sie ein weiterer, wichtiger Hinweis für die wahrscheinlich völlig andere Art der zentralen Hörverarbeitung dieser Autistin – und möglicherweise vieler anderer Autisten – im Vergleich zu Nichtautisten.

Aufgrund der im vorangegangenen Kapitel dargestellten Messungen und Aussagen zum Umgang von Autisten mit Sprache ist meine Annahme entstanden, daß die basale Ursache der autistischen Störung in einer erheblich verlängerten Ordnungsschwelle von Autisten zumindest im auditiven Bereich zu suchen ist. Soweit es mir möglich war, selbst bzw. mit Hilfe von Autistenbetreuern die Ordnungsschwelle einzelner Autisten zu messen, haben sich Werte von bis zu 600 Millisekunden ergeben. Die Auswirkungen einer derart verlangsamten Ordnungsschwelle sind für einen Menschen mit normaler Ordnungsschwelle und somit einwandfreier zentraler Hörverarbeitung gar nicht oder nur sehr mühsam nachvollziehbar. Ich vermute, daß Autisten, soweit sie die von anderen gesprochene Sprache überhaupt verstehen, eine ganz andere, auf ihre verlangsamte Ordnungsschwelle angepaßte Spracherkennung entwickelt haben: Sie dekodieren wahrscheinlich nicht auf der Laut- bzw. Phonemebene, sondern auf der Wortebene, vielleicht sogar auf der Satzebene. Auch für diese Annahme liefert Donna Williams in dem ersten der beiden genannten Bücher einen klaren Hinweis:

> "Alles, was ich aufnahm, mußte entschlüsselt werden, so als müßte es eine Art komplizierter Prozedur an einem Kontrollpunkt durchmachen. Manchmal mußten die Leute mir einen bestimmten Satz mehrere Male wiederholen, denn ich hörte ihn nur bruchstückweise, und die Art, wie mein Verstand ihn in

Wörter unterteilt hatte, ließ eine seltsame und manchmal unverständliche Botschaft für mich übrig. Es war ein bißchen so, als wenn jemand mit dem Lautstärkeregler am Fernseher herumspielt. Ähnlich erfolgte meine Reaktion auf das, was die Leute zu mir sagten, oft verspätet, weil mein Verstand Zeit brauchte, um zu ordnen, was sie gesagt hatten. Je stärker ich unter Streß stand, desto schlimmer wurde es."

Ich würde mir wünschen, daß es engagierte Eltern oder Autistenbetreuer gäbe, die Zeit und die Möglichkeiten hätten, gezielt mit einem oder mehreren Autisten einen ernsthaften Versuch zu unternehmen, ob und in welchem Ausmaß der Autismus durch ein Training der Ordnungsschwelle über einen längeren Zeitraum gemindert oder gar beseitigt werden könnte. Die wichtigste Voraussetzung für die Einbeziehung eines Autisten in einen solchen Versuch wäre zweifellos dessen Bereitschaft zur Teilnahme. Sie läßt sich wohl am ehesten bei solchen Autisten feststellen, die bereits der gestützten Kommunikation mächtig sind. (Dabei gibt der Autist, wie bereits kurz dargestellt, seine Antworten auf geschriebene oder auch gesprochene Fragen durch Betätigen der Tastatur eines Computers.) Ich stelle mir etwa folgenden Ablauf vor:

Ist die erwähnte gestützte Kommunikation eingerichtet, sollte die Bezugsperson als erstes die Frage an den Autisten richten, ob bzw. in welchem Umfang er die lautsprachlichen Äußerungen seiner Umwelt versteht. Dabei besteht Anlaß zu der Vermutung, daß der Autist seine Fähigkeiten auf diesem Gebiet eher überschätzt, weil er wahrscheinlich neben seiner – vermutlich beeinträchtigten – lautsprachlichen Wahrnehmung sehr stark die begleitenden, visuell wahrnehmbaren Informationen wie Mimik, Gestik, Körperhaltung und Blickrichtung des Sprechenden sowie Mundablesen einbeziehen wird, ohne sich dessen notwendigerweise überhaupt bewußt zu sein; denn ihm fehlt ja jede Vergleichsnorm, wie unbehinderte Gleichaltrige die Lautsprache in Verstandenes umsetzen. Unter Umständen könnte an dieser Stelle die Frage hilfreich sein, ob und wie der Autist träumt, das heißt, ob er nur in Bildern und Gefühlen oder auch in Sprache und Geräuschen träumt.

Hat die Bezugsperson zumindest andeutungsweise eine Vorstellung, wie es um die zentrale Hörverarbeitung dieses Autisten bestellt ist, sollte sie als nächstes klären, wie groß überhaupt das Interesse des Autisten ist, die Lautsprache zunächst voll zu verstehen und später vielleicht auch zu sprechen. Wenn die häufig geäußerte Vermutung zutrifft, wonach für Autisten möglicherweise Sprache und vielleicht sogar jeglicher Schall angstbesetzt sind, wird es äußersten Einfühlungsvermögens bedürfen, um im wohlverstandenen Interesse des Autisten seine Motivation zur Lautsprache zu wecken und aufrechtzuerhalten. Aber erst, wenn diese Voraussetzung erfüllt ist, kann zum nächsten Schritt übergegangen werden:

Nun wäre dem Autisten mittels gestützter Kommunikation zunächst zu erklären, daß die vermutliche Ursache seiner Schwierigkeiten in der zentralen Verarbeitung des Gehörten liegen dürfte. Da der Autist vermutlich keine oder keine für uns zugänglichen inneren Bilder zum Begriff der zentralen Hörverarbeitung besitzt, wird diese Ablaufphase sicher besonders schwierig sein. Möglicherweise läßt sich mit Metaphern zum Computer, der ihm ja in gewisser Weise vertraut geworden ist, etwas bewirken. Beispielsweise könnte er vielleicht verstehen, daß ein Computer, bei dem trotz Tastenbetätigung entgegen den Erwartungen auf dem Bildschirm keine Buchstaben entstehen, in seiner zentralen Verarbeitung nicht in der Lage ist, die von den Tasten kommenden Informationen in etwas Sinnvolles umzusetzen. Ist dieses Verständnis geweckt, so kann zur auditiven und eventuell auch zur visuellen Ordnungsschwellenmessung übergegangen werden. Dazu ist dem Autisten der Testablauf vorher über die gestützte Kommunikation ausführlich und verständlich zu erläutern.

Die Wahrscheinlichkeit, daß Autisten im ersten Anlauf den erforderlichen Handlungsablauf der Ordnungsschwellenmessung verstehen und umsetzen können, ist nach meinen bisherigen orientierenden Versuchen nicht sehr hoch. Kommt es aber zu einem Ergebnis in der Größenordnung von mehreren hundert Millisekunden, so kann dies für den Autisten ein echter Lichtblick sein: Endlich gibt es einen in wissenschaftlich anerkannten Begriffen darstellbaren Unterschied zwischen Unbehinderten und Autisten! Wenn sich die Erwartung bestätigt, daß der Autist durch dieses Ergebnis neue Hoffnung schöpft, sollte die Bezugsperson behutsam zu der Frage an den Autisten überleiten, ob er interessiert sei, durch ein spielerisches Training seinen Ordnungsschwellenwert zu verbessern, und zwar als Basis für das Erlernen der Lautsprache. Worin dieses Training besteht und welche apparativen Hilfen dafür erforderlich sind, werden wir im Kapitel 7 erfahren.

Eine weitere Möglichkeit des Trainings der Ordnungsschwelle mit Autisten, die auch erfolgreich sein könnte, wäre die künstliche Dehnung gesprochener Sprache für den Autisten. In dem Buch "Olaf – Kind ohne Sprache" (Seite 38) wird ja auch erwähnt, daß Olaf vor Beginn seines Sprachtrainings eine deutlich verlängerte

Ordnungsschwelle hatte, daß seine anfänglichen lautsprachlichen Übungen extrem gedehnt waren und daß nach dem Erwerb einer nahezu normalen Lautsprache Olafs Ordnungsschwelle auch nahezu im "normalen" Bereich lag. An diese Erfahrung anknüpfend, ist ein elektronisches Gerät vorstellbar, mit dem hineingesprochene Einzelwörter oder kurze Sätze bis zur dreifachen Länge gedehnt wiedergegeben werden. Zu einer solchen Dehnung sind unsere Sprechwerkzeuge vor allem bei den kritischen Explosivlauten **b – d – g – k – p – t** gar nicht in der Lage. Diese Explosivlaute sind aber gerade bei einer verlangsamten auditiven Ordnungsschwelle besonders schwierig zu dekodieren. Wenn es sich ergeben sollte, daß Autisten mit Hilfe des Prototyps dieser Neuentwicklung gesprochene Sprache besser zu verstehen beginnen, könnte sicher auch ein derartiges Gerät in einer Serie gefertigt werden.

Zum Abschluß auch dieses Kapitels wieder ein Bericht unseres Therapeuten, der in Verbindung mit der Ordnungsschwelle zumindest schon ansatzweise Erfahrungen bei den von ihm betreuten Autisten sammeln konnte. Er selbst schränkt zu seiner Berichterstattung ein, daß es ihm bei der Spezialisierung dieser Ausführungen auf die Ordnungsschwelle nicht möglich sei, umfangreiche Ausführungen über den Autismus selbst zu machen. Diese Störung sei auch nach seiner Auffassung so vielfältig, wie es Menschen mit Autismus gibt:

"Jeder Autist ist Autist für sich. Bei einem Internationalen Kongreß für Autismus in Hamburg 1987 legten einige der teilnehmenden Wissenschaftler ihre Forschungsergebnisse zu möglichen Ursachen des Autismus vor. So hat man festgestellt, daß viele dieser Kinder während der Schwangerschaft bereits Bekanntschaft mit Medikamenten gemacht haben, die ihren Müttern verabreicht worden waren, um die Schwangerschaft überhaupt zu retten. Um entstandene Blutungen zu stoppen, wurden Injektionen angesetzt. Heute weiß man, daß in den betreffenden Injektionen etwa 800 verschiedene Wirkstoffe enthalten sind und daß dadurch beim Embryo ganz bestimmte biochemische Störungen im Gehirn ausgelöst wurden. Insbesondere sei bei Autisten der Serotoninspiegel auffällig. Serotonin ist eine Transmittersubstanz für ganz bestimmte Hirnleistungen; solche und andere Hinweise gibt es in der Forschung.

Als Sprachheilpädagoge sind mir in meinem Berufsleben viele Autisten bekannt geworden. Als Leiter einer Rehabilitationseinrichtung für Kinder lernte ich Autisten rund um die Uhr kennen. In einer kleinen Einrichtung in meiner Nähe waren Autisten untergebracht. Überall spielte dort auf meine Initiative hin das Angebot von Tonfrequenzen eine wichtige Rolle, und zwar in Form von entsprechend veränderter Musik. Offenbar reagieren Autisten bei Musikangeboten von Instrumenten, die sehr obertonreich sind, besonders positiv. Mit dem Oboenkonzert von Wolfgang Amadeus Mozart – die Oboe ist das obertonreichste Instrument – kann man Autisten unter dem Kopfhörer in kürzester Zeit 'ansprechen', was mit menschlicher Sprache allein nur bedingt möglich ist. In einem Falle setzte ich nach einiger Zeit nur des Musik- angebotes über ein Mikrofon meine Sprache zusätzlich zum Oboenkonzert ein. Ich schlich mich also auf der Schiene 'Musik' in den Gehörkanal des autistischen Kindes mit ein. Das Kind empfing so die Musik und meine Worte zugleich. In diesem Augenblick war die Verständigung hergestellt, Aufträge wurden ausgeführt, die vorher unmöglich waren. Das gelang fast nur mit hochtonaktivierter Musik. Wenn es also gelungen ist, eine Tür beim Autisten zu öffnen für die akustische Wahrnehmung – zum Beispiel mit dem Oboen- konzert –, werden ganz bestimmte Bereiche in dessen Gehirn angeregt. Das Hinhören, Zuhören, Anhören und das akustische Dabeibleiben werden vor- bereitet und die entsprechenden Prozesse werden aktiviert. Wer Autisten kennt, weiß, wovon ich rede.

Wenn man nach dem akustischen 'Erwecken' bei einem solchen Autisten mit großer Behutsamkeit – beispielsweise mit den Tönen eines Audiometers – Einzeltöne, hohe Tonfrequenzen, anbietet, bleibt man im 'Hochtonbereich'. Damit ein so handliches Gerät wie ein 'Brain-Boy' nicht als Wurfgeschoß mißbraucht wird, wurden diese Vorübungen angestellt: Das linke Ohr erhält einen hohen Ton, das rechte Ohr erhält einen hohen Ton. Fasziniert beob- achtete ich, wie die Augen des Autisten reagierten. Ganz langsam wurde er daran gewöhnt. Das erste meßbare Ergebnis mit der Ordnungsschwelle lag bei etwa 400 Millisekunden. Interessant war, daß die hohen Töne den Autisten neugierig machten hinzuhören. Was bedeuten hohe Töne für Autisten? Noch weiß ich es nicht.

Für uns waren die Sekundärbeobachtungen von größter Bedeutung. Bei der Arbeit mit dem Ordnungsschwellentrainer werden Autisten sehr ruhig, sehr konzentriert, ausdauernd. Man hört kaum irgendwelche Laute oder andere Äußerungen, keine Schreie mehr, die von Autisten häufig abgegeben werden. Sie sind 'ganz Ohr'. Wieder waren es die Sekundärergebnisse, die zuerst eintraten. Es ist vor allen Dingen nach meinen Erfahrungen Vorsicht geboten, wenn das Ordnungsschwellentraining nicht eingebettet ist in die erwähnte voreilende Klangtherapie. Es wurden Schlafkopfkissen konstruiert, aus denen auch in der Einschlafzeit, die zuvor ganz unruhig war, Musik empfangen wird, die ich hierfür ausgewählt hatte. Heute weiß ich, daß gerade bei autistischen Kindern das Ordnungsschwellentraining – zur richtigen Zeit eingesetzt – zu großen Leistungssteigerungen führen kann. Das erwähnte autistische Kind, das zunächst nicht hatte eingeschult werden können, sondern in seiner Umgebung gefördert und beschäftigt werden mußte, kam dann – zwar etwas später – in eine Regelschulklasse, und zwar in eine Integrationsklasse.

Dies ist jedoch alles noch in der Entwicklung, in der Erforschung. Da reicht es natürlich nicht aus, wenn ich allein über derartige Beobachtungen berichte. Überall auf der Welt gibt es Autisten. Meine Beobachtungen können nur Anregungen und Hinweis darauf sein, daß gerade Autisten auf das Angebot sehr hoher Tonfrequenzen positiv reagieren. Und mit solchen hohen Tönen arbeitet das Ordnungsschwellentraining. Wenn es gelingt, Autisten nach dem Öffnen überhaupt auf Akustik achten zu lassen und zum Ordnungsschwellentraining zu bewegen, hat es Wirkungen. Die Frage ist nur, wie man Autisten überhaupt akustisch öffnet. Dazu habe ich die vorstehenden Gedanken geäußert. Ich ermutige alle, die mit diesen Menschen zu tun haben, sich damit vertraut zu machen."

8. Wie können Sie Ihre Ordnungsschwelle feststellen?

Haben Sie es wirklich bis hierher aushalten können? Oder haben Sie klammheimlich schon ganze Passagen des bisherigen Textes übersprungen, um hier vorab diese für Sie so wichtige Information zu erhalten? Wie dem auch sei, es wäre schon recht ungewöhnlich, wenn Sie nicht äußerst neugierig wären, wie Sie Ihre Ordnungsschwelle feststellen können und welchen Wert Sie dabei erreichen werden. Deshalb sollen Sie auch nicht länger warten, sondern jetzt sofort über die verschiedenen Möglichkeiten zunächst des Messens und später auch des Trainierens der Ordnungsschwelle informiert werden.

Ein einfacher Selbstversuch

Sicher wäre es einfacher für mich gewesen, nun schlicht auf die in den nächsten drei Kapiteln zu beschreibenden, neuartigen Vorrichtungen zum Messen der Ordnungsschwelle zu verweisen. Aber ich habe lange und intensiv darüber nachgedacht, wie der Leser auch mit einem *Minimum* an Hilfsmitteln zumindest seine auditive Ordnungsschwelle mit hinreichender Genauigkeit messen kann. Hier ist das Ergebnis:

Sie beschaffen sich in einem geeigneten Fachgeschäft zwei einzelne Kugellagerkugeln mit einem Durchmesser von 5 oder 6 Millimetern – ein Pfennigartikel. Außerdem benötigen Sie einen stabilen Tisch mit einem Stuhl davor, ein Stück Stoff etwa von der Größe eines DIN-A 4-Bogens, zum Beispiel eine Serviette, einen DIN-A 4-Bogen und einen Karton von wenigstens 50 Zentimetern Länge, wie er wohl vorhanden sein dürfte oder mühelos zu beschaffen sein wird. Schließlich gewinnen Sie für das Feststellen Ihrer auditiven Ordnungsschwelle mit diesen einfachen Mitteln noch einen Helfer oder eine Helferin. Alles bereitgestellt? Dann sollen Sie jetzt deren Funktionen bei diesem Meßvorgang Ihrer Ordnungsschwelle kennenlernen:

Die beiden Kugeln sind dazu bestimmt, die beiden Klickgeräusche für das linke und das rechte Ohr in definiert veränderbarem Abstand zu erzeugen, indem Ihr Helfer sie gleichzeitig, aber aus unterschiedlicher Höhe, fallenläßt. Die Serviette sorgt zusammen mit dem Papier dafür, daß der Aufprall der beiden Stahlkugeln soweit gedämpft wird, daß sie nicht mehrfach hochspringen und so den akustischen Eindruck des gewünschten Klickgeräusches verwischen. Der Karton schließlich dient dazu, die unterschiedliche Anfangshöhe zu bestimmen, aus der Ihr Helfer jede der beiden Stahlkugeln niederfallen läßt. Für die Berechnung dieser Anfangshöhe wurden die bekannten Fallgesetze herangezogen, die einige von Ihnen vielleicht noch aus dem Physikunterricht kennen. Aus der nachstehenden Tabelle sind die Werte des Höhenunterschieds für die *frühere* Kugel zu der in 50 Zentimetern Höhe gehaltenen *späteren* Kugel zu entnehmen:

Zeitdifferenz	Höhenunterschied
100 ms	26,4 cm
90 ms	24,2 cm
80 ms	21,9 cm
70 ms	19,5 cm
60 ms	17,0 cm
50 ms	14,4 cm
40 ms	11,7 cm
30 ms	9,0 cm
20 ms	6,1 cm

Das führt zu folgendem Ablauf: Auf der übernächsten Seite finden Sie eine Meßlatte mit der Umsetzung der vorstehenden Tabelle. Sie trennen diese Meßlatte entweder aus dem Buch heraus – deshalb ist die Rückseite der Meßlatte unbedruckt – oder lichten sie ab. Sie stellen den Karton etwa 20 Zentimeter von der Tischkante entfernt vor sich auf den Tisch. Sie befestigen diese Meßlatte so an der Ihnen zugewandten Seite des Kartons, daß die fettgedruckte Null-Millisekunden-Linie sich möglichst genau 50 Zentimeter oberhalb der Tischfläche befindet. Sie setzen sich auf den Stuhl und breiten die Serviette quer zwischen Karton und Tischkante vor sich so aus, daß Sie Ihre Stirn mittig darauflegen könnten. Zuvor legen Sie den DIN-A 4-Bogen auf die Serviette.

Nun beugen Sie sich so weit vor, daß Ihre Stirn mittig auf das Papier zu liegen kommt. Rechts und links von Ihren beiden Ohren müßten – bei einer typischen Kopfbreite von etwa 18 Zentimetern – noch etwa 6 Zentimeter frei sein. Nun entscheidet sich Ihr Helfer – der zweckmäßigerweise hinter Ihnen steht –, ohne es Ihnen mitzuteilen, welche Kugel die *zweite* werden soll. Diese preßt er mit seinem Daumen genau gegen die 100-Millisekunden-Marke der Meßlatte. Die andere Kugel preßt er mit dem Daumen der anderen Hand gegen die 0-Millisekunden-Marke auf der Meßlatte.

Ihr Helfer gibt Ihnen eine kurze Vorwarnung, damit Sie die Augen schließen können, und läßt dann die beiden Kugeln *genau* gleichzeitig los. Zur Rechten hören Sie wie zur Linken die beiden kurzen Klicks beim Aufschlagen der Kugeln. Sie geben Ihrem Helfer Ihre Vermutung an, welcher der beiden Klicks der erste war. Er wiederholt den Versuch, wobei es ihm natürlich freisteht, die Reihenfolge zu vertauschen – oder auch nicht zu vertauschen, damit Sie keine Regel daraus ableiten können. Wenn Sie viermal richtig geantwortet haben, verkürzt er den Abstand zwischen den beiden Kugeln um 10 Millisekunden, indem er die spätere Kugel nicht mehr auf die 100-Millisekunden-Marke, sondern auf die 90-Millisekunden-Marke setzt. Dies setzt er so lange fort, bis er denjenigen Abstand erreicht hat, bei dem in etwa auf vier richtige eine unrichtige Antwort von ihnen kommt. Dann haben Sie mit einiger Wahrscheinlichkeit Ihre auditive Ordnungsschwelle bei einer Trefferquote von 80 % ermittelt. Und Sie wissen doch: Die Ordnungsschwelle von gesunden Erwachsenen liegt laut Professor Pöppel bei 20 bis 40 Millisekunden ...

Sollten Sie durch Ihr erstes Testergebnis beunruhigt sein, so müssen Sie erstens wissen, daß Professor Pöppel seine Tests überwiegend mit jungen Studenten durchführte, die ausgeschlafen zu ihm kamen, so daß sie optimale Ergebnisse erzielten. Zweitens habe ich ja schon die Erkenntnisse erwähnt, daß die Ordnungsschwelle auch bei gesunden Erwachsenen "kontextabhängig" ist, daß also vor allem vorangegangene starke Schallexposition, Streß, Müdigkeit und Lustlosigkeit zu deutlich verlangsamten Werten führen können. Vielleicht schützt sich unser Gehör so gegen Reizüberflutung, indem es einfach "langsamer taktet", also weniger häufig Einzelbrocken aus dem Informationsfluß entnimmt. Wiederholen Sie den Versuch deshalb gern zu einer anderen Zeit. Doch nun zu den präziseren Methoden zum Messen der Ordnungsschwelle.

Ein halbautomatisches Gerät auch für Nichtfachleute

Nachdem Sie soeben die vermutlich einfachste Methode zum Feststellen der auditiven Ordnungsschwelle kennengelernt haben, sollen Sie nun natürlich auch alles über die inzwischen verfügbaren Geräte zum halbautomatischen Messen der Ordnungsschwelle erfahren. Dazu sollten Sie zunächst grundsätzlich verstehen, worin die halbautomatische Meßmethode von derjenigen im Kapitel 4 abweicht. Sie erinnern sich: In der Frühzeit der Ordnungsschwellenforschung – und an einigen Stellen noch heute – bedurfte es stets eines Versuchsleiters, der die Klicks für die Testperson auslöste, ihre Antworten notierte oder seinem Computer eingab und schließlich selbst feststellte oder vom Computer errechnen ließ, bei welchem Abstand zwischen den beiden Sinnesreizen die Testperson die Trefferquote von 80 % erreicht hatte. Das automatisieren wir nun auf folgende Weise, wobei wir uns zwecks Zeitersparnis gleich auf ein im Markt eingeführtes Gerät beziehen.

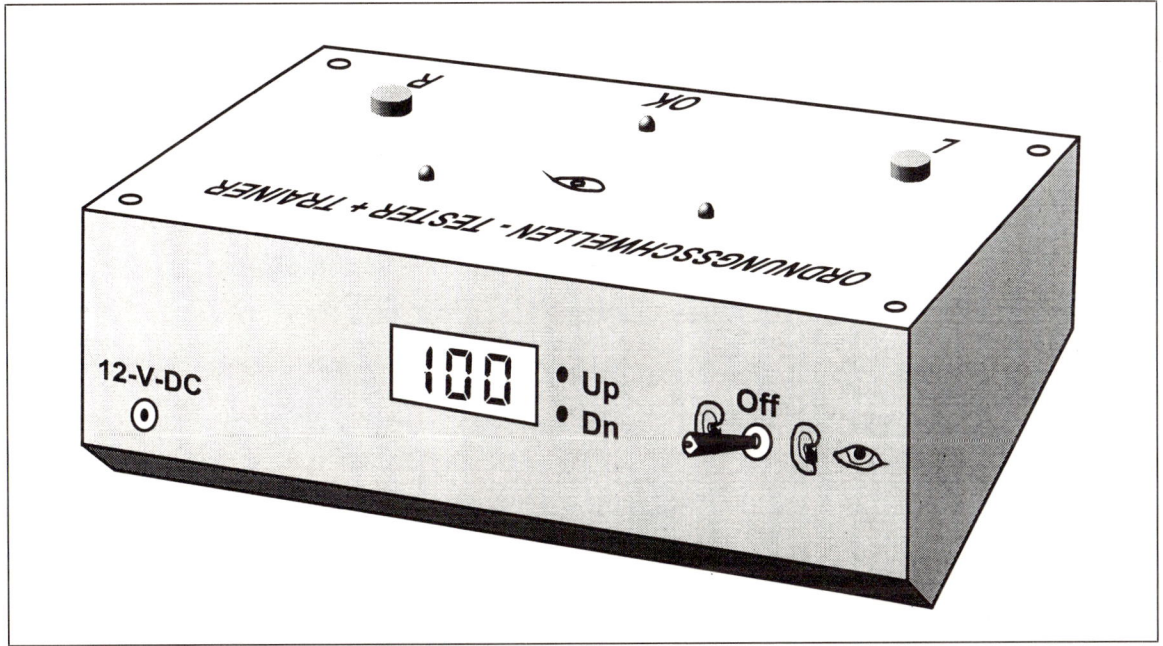

Ein halbautomatisches Gerät zum Prüfen der eigenen Ordnungsschwelle

Zum Prüfen der auditiven Ordnungsschwelle wird zunächst der mitgelieferte Kopfhörer an die einzige Buchse an der Vorderseite des betreffenden Gerätes angeschlossen. Der Kippschalter an der dem Benutzer abgewandten Rückseite des Gerätes (siehe Abbildung) wird in die Stellung mit dem OHR-Symbol geschaltet. Auf dem Display an der Rückseite des Gerätes erscheint der vorsorglich auch hier für gesunde Erwachsene eher reichlich bemessene und quarzgenau gesteuerte

Ausgangswert von 100 Millisekunden. Soll dieser Wert verändert werden, kann dies durch Betätigen der verdeckten Tasten UP/DN neben dem Display an der Rückseite des Gerätes mit einem Kugelschreiber geschehen. Nachdem der Benutzer über den weiteren Ablauf hinreichend informiert ist, setzt er den Kopfhörer seitenrichtig auf.

Um den automatischen Ablauf einzuleiten, drückt der Benutzer selbst die rechte Taste auf der ihm zugewandten pultförmigen Oberseite des Gerätes. Unmittelbar danach hört der Benutzer in seinem Kopfhörer nacheinander zwei Klicks im Abstand von 100 Millisekunden oder im veränderten Abstand. Gibt der Benutzer nun und fortan die Einfallsrichtung des ersten Tonsignals durch Drücken entweder der linken oder der rechten Taste zutreffend an, so leuchtet zur Bestätigung eine gelbe Leuchtdiode auf, zugleich wird der Abstand der beiden Tonsignale jedesmal um eine Millisekunde verringert. Bei jeder falschen Antwort des Benutzers wird der Abstand um vier Millisekunden vergrößert. Nach wenigen Minuten wird so infolge dieses Verhältnisses von 4 : 1 ein Endzustand mit einer Trefferquote von 80 % erreicht; der zugehörige Ordnungsschwellenwert läßt sich auf dem Display an der Rückseite des Gerätes ablesen.

Zum Prüfen der visuellen Ordnungsschwelle wird der Kopfhörer natürlich nicht benötigt, also abgesetzt. Das Licht sollte für diesen Ablauf so stark gedämpft sein, daß das extrem kurze Aufblitzen der beiden Leuchtdioden von nur einer Millisekunde auf der Oberseite des Gerätes gut erkennbar ist. Der Kippschalter an der dem Benutzer abgewandten Rückseite des Gerätes wird in die Stellung mit dem AUGE+OHR-Symbol geschaltet. Auch hier kann der Ausgangswert von 100 Millisekunden durch Betätigen der oben erwähnten UP/DN-Tasten verändert werden. Nachdem der Benutzer auch hier über den weiteren Ablauf hinreichend informiert ist, blickt er auf das Auge in der Mitte zwischen den beiden grünen Leuchtdioden auf der Pultfläche.

Um den automatischen Ablauf einzuleiten, drückt der Benutzer wieder die rechte Taste auf der ihm zugewandten pultförmigen Oberseite des Gerätes. Gibt der Benutzer nun und fortan die Einfallsrichtung des ersten Aufblitzens durch Drücken entweder der linken oder der rechten Taste zutreffend an, leuchtet wieder die gelbe Leuchtdiode auf, zugleich wird wieder der Abstand der beiden Lichtblitze jedesmal um eine Millisekunde verringert. Bei jeder falschen Antwort des Benutzers wird der Abstand um vier Millisekunden vergrößert. Nach wenigen Minuten wird auch hier ein Endzustand mit einer Trefferquote von 80 % erreicht; der zugehörige Ordnungsschwellenwert läßt sich auf dem Display an der Rückseite des Gerätes ablesen.

Nach meinen bisherigen Erfahrungen steigt das Interesse von Ärzten, Pädagogen und Therapeuten stetig, an größeren Gruppen von "normalen" und von auffälligen Kindern umfängliche Erhebungen der auditiven und der visuellen Ordnungsschwellen vorzunehmen, vor allem seitdem die im Kapitel 6 geschilderten Folgen zumindest einem Teil dieser Betreuergruppe bekannt geworden sind. Auf der Grundlage derartiger Reihenuntersuchungen lassen sich beispielsweise schon frühzeitig geeignete Fördermaßnahmen, darunter eben auch das Training der Ordnungsschwelle, einleiten, die dem einzelnen Kind später viele Belastungen ersparen. Deshalb möchte ich hier schon meine Erfahrungen mit derartigen Gruppentests unter Verwendung genau des Gerätes bekanntgeben, dessen Bedienungsablauf soeben beschrieben wurde. Den gleich zu Beginn des nachstehenden Textes erwähnten Erhebungsbogen finden Sie im Anschluß an den Text. Die Anfertigung von beliebig vielen Kopien dieses Formulars ist zulässig.

Falls es sich bei den beabsichtigten Ordnungsschwellenmessungen an Kindern um eine Gruppenerhebung handelt, erleichtert dieser Erhebungsbogen für jeweils 25 Kinder den Ablauf und die Auswertung ganz erheblich. (Dieser Bogen kann aber auch für *ein* Kind und für 25 über einen gewissen Zeitraum verteilte Messungen benutzt werden.) In die Spalte *Code* ist, sofern aus Datenschutzgründen erforderlich, nur eine für Dritte nicht erkennbare Schlüsselbezeichnung einzusetzen. In die Spalte *Alter* ist das Alter des Kindes nach Jahren und Monaten, getrennt durch ein Semikolon, einzutragen. In Spalte *1* wird das Geschlecht des Kindes (M/W) und in Spalte *2* die Zahl seiner Geschwister vermerkt. In der letzten Spalte "LR-Status" kann – sofern bekannt – der Lese-Rechtschreib-Status des betreffenden Kindes eingetragen werden, wie er beispielsweise durch einen der genormten diagnostischen Rechtschreibtests erhoben wurde. Da dieser Text dazu bestimmt ist, im Interesse weitestgehender Vergleichbarkeit einen einheitlichen Ablauf bei den für wissenschaftliches und/oder therapeutisches Arbeiten vorzunehmenden Messungen der Ordnungsschwelle an Vorschul-, Grundschul- und Orientierungsstufenkindern sicherzustellen, sollten sich die Bearbeiter möglichst genau an die vorgegebenen Passagen wörtlicher Rede halten, die *kursiv* gedruckt sind:

"Guten Tag, ich bin ... (BearbeiterIn nennt seinen/ihren Namen.) *Ich möchte dir gleich ein neues Spiel zeigen. Das gibt es noch nirgends auf der Welt, nur hier bei uns. Es ist so etwas Ähnliches wie ein Game-Boy. Weißt du, was ein Game-Boy ist?* (Kurze Pause – falls Game-Boy unbekannt ist, Zusatzerklärung im Schlußabsatz vortragen.) *Vielen Kindern macht das Spielen mit dem Game-Boy richtig Spaß. Aber manche Erwachsenen sagen, daß Game-Boys nutzlos und deshalb überflüssig sind. Das kann von unserem neuen Spiel niemand behaupten. Mit diesem Spiel kannst du nämlich ganz nebenbei die Geschwindigkeit messen, mit der dein Gehirn arbeitet. Das geht so:*

Du setzt gleich diesen Kopfhörer richtig herum auf. Dann drückst du auf diese Taste hier. (BearbeiterIn zeigt auf die vom Kind aus gesehen rechte Taste.) *Gleich darauf hörst du in deinem Kopfhörer ganz dicht nacheinander zwei kurze Klicks. Der eine Klick kommt also etwas früher als der andere. Nun drückst du eine dieser beiden Tasten hier, nämlich auf der Seite, von der du den ersten Klick gehört hast. Wenn du die richtige Taste drückst, leuchtet dieser gelbe Punkt zwischen den beiden Tasten auf. Dann hörst du zwei neue Klicks entweder in derselben oder in der anderen Reihenfolge; und du drückst wieder die Taste auf der Seite, von der du den ersten der beiden neuen Klicks gehört hast. Wir probieren das einfach einmal aus ..."*

(BearbeiterIn macht mit dem Kind einen kurzen Probedurchlauf, um sich zu vergewissern, daß das Kind den Ablauf und seine Aufgabe richtig verstanden hat und umsetzen kann. Dann schaltet er/sie das Testgerät kurz aus und wieder ein, damit die beim Probedurchlauf wahrscheinlich veränderte LCD-Anzeige am Gerät wieder auf den beabsichtigten Startwert von 100 Millisekunden zurückgesetzt wird. Während der nächsten Minuten beobachtet er/sie von Zeit zu Zeit die LCD-Anzeige. Diese strebt im Regelfall zunächst zügig und dann immer langsamer einem Endwert mit einer Trefferquote von 80 % zu, um den sie dann mit geringen Abweichungen pendelt. Dieser Endwert ist in dem Erfassungsbogen in der Spalte "Auditiv 1" festzuhalten.)

"Jetzt wissen wir, wie gut und wie schnell dein Gehirn mit dem umgeht, was deine Ohren ihm liefern. Nun wollen wir ausprobieren, ob deine Augen und dein Gehirn ebenso schnell miteinander umgehen. Dazu setzt du erst einmal deinen Kopfhörer ab. Du schaust auf dieses Auge mitten zwischen diesen beiden grünen Leuchtpunkten. Gleich drückst du wieder auf dieselbe Taste wie vorhin. (BearbeiterIn weist wieder auf die vom Kind aus gesehen rechte Taste.) *Dann leuchten diese beiden grünen Punkte dicht nacheinander auf, und du drückst wieder die Taste auf der Seite, wo der grüne Leuchtpunkt*

zuerst aufgeblinkt hat. Wenn du die richtige Taste drückst, leuchtet wieder dieser gelbe Punkt zwischen den beiden Tasten auf. Auch das probieren wir einmal kurz durch:"

(BearbeiterIn macht mit dem Kind jetzt den visuellen Probedurchlauf, um sich auch hier zu vergewissern, daß das Kind den Ablauf und seine neue Aufgabe richtig verstanden hat und umsetzen kann. Dann schaltet er/sie das Testgerät kurz aus und wieder ein, damit die beim Probedurchlauf wahrscheinlich veränderte LCD-Anzeige am Gerät wieder auf den beabsichtigten Startwert von 100 Millisekunden zurückgesetzt wird. Während der nächsten Minuten beobachtet er/sie von Zeit zu Zeit die LCD-Anzeige. Diese strebt auch hier im Regelfall zunächst zügig und dann immer langsamer einem Endwert mit einer Trefferquote von 80% zu, um den sie dann mit geringen Abweichungen pendelt. Dieser Endwert ist in dem Erfassungsbogen in der Spalte "Visuell 1" festzuhalten.)

Für den Fall, daß ein Kind gleich zu Beginn – entgegen allen Erwartungen – nicht weiß, was unter einem Game-Boy zu verstehen ist, folgt hier die kurze Erklärung:

"Ein Game-Boy ist ein Spielzeug, etwa so groß wie zwei übereinandergelegte Tafeln Schokolade. Es enthält einen kleinen Bildschirm und Bedienungshebel, mit denen man eine Art Geschicklichkeitsspiel machen kann. Es ist ziemlich lustig, damit zu spielen, aber sonst hast du nichts weiter davon."

Soviel zu dem reinen Testteil dieser Erhebung. Das Formular läßt sich natürlich auch bei Verwendung des auf Seite 96 beschriebenen, aufwendigeren Gerätes einsetzen. Auf den Zweck der weiteren Spalten dieses auf der nächsten Seite abgedruckten, angekündigten Formulars werden wir noch ausführlich eingehen.

Ordnungsschwellentest

Erhebungsbogen Nr. .....   Bearbeiter: ....

Jahrgangsstufe ....   Datum: ....19.......

#	Code	Alter	1	2	Auditiv 1	Visuell 1	Training	Auditiv 2	Visuell 2	LRStatus
1										
2										
3										
4										
5										
6										
7										
8										
9										
10										
11										
12										
13										
14										
15										
16										
17										
18										
19										
20										
21										
22										
23										
24										
25										

Ein praktisches Gerät für Handtasche und Hosentasche

Wer seine Ordnungsschwelle oder die Ordnungsschwellen anderer ebenfalls quarzgenau, aber unterwegs bei jeder Gelegenheit messen will, kann ein Gerät verwenden, welches das Messen der Ordnungsschwelle und später, wie im Kapitel auf Seite 102 nachzulesen sein wird, auch deren Training erlaubt.

Was ist und was bewirkt der *Brain*-Boy? Am einfachsten läßt er sich verstehen, wenn Sie sich vorstellen, Sie besäßen bereits ein solches Gerät und möchten es für sich einsetzen. Also – auch Sie sind in Gedanken jetzt Besitzer eines *Brain*-Boy. Die Bedienung ist ganz einfach:

Messen der auditiven Ordnungsschwelle

Um mit Ihrem *Brain*-Boy Ihre auditive Ordnungsschwelle zu messen, schließen Sie den mitgelieferten kleinen Kopfhörer an die rechte Buchse mit dem OHR-Symbol oben am *Brain*-Boy an und setzen ihn richtig herum auf, also R auf das rechte Ohr und L auf das linke Ohr. Nun geht es los:

Sie drücken zunächst auf die rote Taste zwischen den beiden grauen Tasten am *Brain*-Boy. Solange Sie die Taste gedrückt halten, leuchtet ein grüner Punkt bei der Zahl 100 Millisekunden auf. Kurz nachdem Sie sie loslassen, hören Sie im linken und im rechten Ohr dicht nacheinander einen kurzen Klick, und zwar natürlich im Abstand von 100 Millisekunden. Daraufhin drücken Sie in aller Ruhe die graue Taste auf der Seite, von der Sie den ersten Klick gehört haben. Es kommt also nicht darauf an, wie schnell Sie die Taste drücken, sondern Sie haben so viel Zeit zum Überlegen, wie Sie möchten. Haben Sie die richtige Taste gedrückt, leuchtet einer der fünfzehn grünen Punkte auf. Die danebenstehende Zahl sagt Ihnen, wieviel Zeit zwischen den beiden Klicks verstrichen ist. Wenn Sie viermal die Reihenfolge der beiden Klicks richtig erkannt haben, schaltet der *Brain*-Boy nämlich auf die nächstschnellere Stufe. Wenn Sie einmal die Reihenfolge nicht richtig erkannt haben, bekommen Sie sofort eine neue Chance; denn der *Brain*-Boy schaltet dann wieder auf eine langsamere Stufe. Nach einiger Zeit werden Sie bemerken, daß Sie zunächst nicht unter einen bestimmten Wert kommen. Das ist die kürzeste Zeit und somit die höchste Geschwindigkeit, mit der Ihr Gehirn *im Augenblick beim Hören* mit einer Trefferquote von 80 % arbeitet. Diese Trefferquote ergibt sich aus dem Verhältnis von *vier* Richtigen für eine Verkürzung um 10 Millisekunden zu *einem* Falschen für eine Verlängerung um 10 Millisekunden.

Messen der visuellen Ordnungsschwelle

Nun können Sie den Kopfhörerstecker aus der rechten Buchse herausziehen, den Kopfhörer absetzen und auf den Kreis mit dem Kreuz am oberen Ende des *Brain*-Boy schauen. Und schon kann es wieder losgehen:

Sie drücken zunächst wieder auf die rote Taste zwischen den beiden grauen Tasten am *Brain*-Boy. Solange Sie die Taste gedrückt halten, leuchtet der grüne Punkt bei der Zahl 100 Millisekunden auf. Kurz nachdem Sie sie loslassen, sehen Sie oben am *Brain*-Boy links und rechts dicht nacheinander zwei rote Lichtpunkte aufblitzen. Daraufhin drücken Sie in aller Ruhe die graue Taste auf der Seite, wo Sie den ersten roten Punkt haben aufblitzen sehen. Es kommt also wieder nicht darauf an, wie schnell Sie die Taste drücken, sondern Sie haben so viel Zeit zum Überlegen, wie Sie möchten. Haben Sie die richtige Taste gedrückt, leuchtet einer der fünfzehn grünen Punkte auf. Die danebenstehende Zahl sagt Ihnen, wieviel Zeit zwischen den beiden Aufblitzern verstrichen ist. Wenn Sie viermal die Reihenfolge der beiden Lichtblitze richtig erkannt haben, schaltet der *Brain*-Boy auch hier auf die nächstschnellere Stufe. Wenn Sie einmal die Reihenfolge nicht richtig erkannt haben, schaltet der *Brain*-Boy wieder auf eine langsamere Stufe. Nach einiger Zeit werden Sie auch hierbei bemerken, daß Sie zunächst nicht unter einen bestimmten Wert kommen. Das ist die kürzeste Zeit und somit die höchste Geschwindigkeit, mit der Ihr Gehirn *im Augenblick beim Sehen* arbeitet. Und was der *Brain*-Boy darüber hinaus für das *Training* Ihrer Ordnungsschwelle zu tun vermag, erfahren Sie im Kapitel 8.

Ein professionelles Gerät für Therapeuten und Universitäten

Die beschriebene erste serienmäßige Vorrichtung ist anfänglich auch von Therapeuten und sogar im Forschungsbereich eingesetzt worden. Dabei ergaben sich eine Reihe von Wünschen, die zwar einerseits den technischen Aufwand erhöhten, andererseits aber den zügigen Ablauf einer Ordnungschwellenmessung verbesserten und auch andere Vorteile für den Einsatz in Therapie und Forschung brachten. Im einzelnen handelt es sich um folgende Ergänzungen zu dem Ursprungsgerät.

Bedienung im Displaydialog

Um die Bedienung dieses Gerätes trotz seiner umfänglicheren Möglichkeiten soweit wie möglich zu vereinfachen, ist sie in Form eines systematisch gegliederten Dialogs des Benutzers mit dem Display gelöst worden. Dieser Dialog ist so folgerichtig aufgebaut worden, daß selbst technisch Unbelastete im Notfall zunächst auf das Lesen der Bedienungshinweise verzichten können, weil sich das Gerät praktisch selbst schrittweise erklärt.

Einstellbare Ausgangswerte

Die auf Seite 89 beschriebene Ausführung des Ordnungsschwellentrainers beginnt jeweils nach dem Einschalten des Gerätes immer mit einem Ausgangswert von 100 Millisekunden. Dieser Ausgangswert hat sich für lautsprachauffällige, für legasthene, für rechenschwache, für stotternde und für autistische Kinder häufig als zu niedrig herausgestellt, so daß diese Kinder von Anfang an fast nur falsche Angaben zu den Klicks und Lichtblitzen machten, was ihre Motivation stark beeinträchtigte. Bei der professionellen Ausführung ist deshalb ein von 100 bis 900 Millisekunden wählbarer Ausgangswert vorgesehen, so daß der Therapeut oder der untersuchende Arzt aus seiner Erfahrung heraus rasch mit einem Wert beginnen kann, der diesem Kind gleich zu Beginn eine Kette von "Richtigen", also von Erfolgserlebnissen, vermittelt. Der vom Therapeuten gewünschte Ausgangswert ist im Dialog mit dem erwähnten Display an der Rückseite des Gerätes rasch einstellbar.

Variable Schrittweiten

Bei der ursprünglichen Ausführung des Gerätes verkürzt sich die Zeitspanne zwischen zwei Sinnesreizen, wie Sie sich entsinnen werden, bei jeder richtigen Antwort um eine Millisekunde und verlängert sich bei jeder falschen Antwort um vier Millisekunden, so daß sich das Gerät automatisch bei einer Trefferquote von 80 % einpendelt. Der Weg dahin ist allerdings bei einem hohen Ausgangswert, wie er sich im praktischen Einsatz bei auffälligen Patienten häufig als erforderlich erweist, unter Umständen sehr lang. Deshalb ist bei der Profi-Ausführung eine variable Schrittweite vorgesehen, die nur im Bereich bis 99 Millisekunden die oben genannten Schrittweiten beibehält, von 100 bis 199 die Schrittweite verdoppelt, von 200 bis 299 verdreifacht und so weiter, bis im Bereich von 900 bis 999 schließlich eine Schrittweite nach unten von 10 Millisekunden für jede richtige Antwort und eine Schrittweite nach oben von 40 Millisekunden für jede falsche Antwort erreicht ist. So läßt sich der angestrebte Endwert schneller erreichen, ohne daß im kritischen und wichtigen Bereich unterhalb 100 Millisekunden die Genauigkeit von einer Millisekunde aufgegeben würde.

Abschaltbarkeit der OK-LED

Bei der ursprünglichen Ausführung des Gerätes leuchtet bei jeder richtigen Antwort grundsätzlich eine mittig auf der Frontplatte angebrachte gelbe OK-LED auf. Einige Therapeuten haben festgestellt, daß manche Patienten, vor allem Kinder, dies nicht – wie beabsichtigt – als Verstärkung ihrer Motivation, sondern eher als Ablenkung erleben. Deshalb wurde bei der Profi-Ausführung diese Leuchtdiode durch einen einfachen Tastenbefehl an den Display abschaltbar gemacht.

Steckverbinder für externe Tasten

Bei der ursprünglichen Ausführung des Gerätes befinden sich die beiden Bestätigungstasten für *Rechts* und *Links* auf der Frontplatte in einem bedienungsgerechten Abstand. Vor allem mit Vorschulkindern oder stark motorisch behinderten Kindern arbeitende Therapeuten wollten daneben die Möglichkeit haben, abgesetzte und weit auseinanderliegende Tasten zu verwenden. Deshalb sind in der Profi-Ausführung rechts und links am Gehäuse über stabile Buchsen entsprechende Anschlußmöglichkeiten für abgesetzte große, verschiedenfarbige Zusatztasten vorgesehen, die auch zum Lieferumfang des Profi-Gerätes gehören.

Hellere Leuchtdioden

Die in der ursprünglichen Ausführung des Gerätes verwendeten beiden Leuchtdioden zum Feststellen der visuellen Ordnungsschwelle wurden gelegentlich als zu dunkel bezeichnet, wenn das Gerät in hellerer Umgebung verwendet wurde. Deshalb wird die Profi-Ausführung mit deutlich helleren Leuchtdioden betrieben, die ein gutes Erkennen auch bei einem gewissen Fremdlichtanteil immer noch sicherstellen.

Veränderbare Lautstärke

Die Standardlautstärke der Klicks beträgt 90 dB(A). Das mag für Sie in Erinnerung der Werte, die im Kapitel "Die Reizüberflutung" (Seite 11) genannt wurden, gefährlich hoch scheinen. Tatsächlich aber besteht keinerlei Gefahr einer Gehörschädigung, weil die Dauer der Klicks nur eine Millisekunde beträgt. Wenn in der professionellen Ausführung die Lautstärke um ±10 dB veränderbar ist, so ist dies nur im Interesse der breiteren wissenschaftlichen Anwendbarkeit geschehen.

Computer-Interface

Nur als Option, also nicht schon serienmäßig, sondern nur auf ausdrücklichen Wunsch des Abnehmers, wird dieses Profi-Gerät auch mit einer Computerschnittstelle versehen. So können die zahlreichen während eines Meßvorganges anfallenden Daten mit wenig Mühe später ausgewertet werden. Denken wir beispielsweise nur daran, daß es für eine wissenschaftliche Arbeit von Bedeutung ist, bei einem bestimmten Patienten festzustellen, ob er häufiger zu Fehlern neigt, wenn der erste Klick bzw. der erste Lichtblitz links oder rechts lag.

Wenn Sie bedenken, daß von der allerersten Vorrichtung nur zum Messen der Ordnungsschwelle trotz erheblicher Bemühungen des damaligen Herstellers nur ein einziges Gerät an Professor Pöppel abgesetzt werden konnte, so spricht es für die Aufgeschlossenheit deutscher Wissenschaftler und Therapeuten, wenn zum Zeitpunkt des Erscheinens der Erstauflage dieses Buches bereits mehr als hundert Exemplare der vorstehend beschriebenen Profi-Ausführung im Einsatz sind. Deshalb auch mein Appell an alle gegenwärtigen und künftigen Benutzer dieses Gerätes, mich über neue Erkenntnisse zu unterrichten, damit diese in einer sicher zu erwartenden weiteren Auflage dieses Buches zum Nutzen aller bekanntgegeben werden können, die sich mit der Ordnungsschwelle befassen. Danke!

9. Läßt sich die Ordnungsschwelle systematisch verbessern?

Ein ganz kleiner Teil der Antwort auf die Frage, ob sich die Ordnungsschwelle systematisch verbessern läßt, ist schon gegeben worden. Sicher erinnern Sie sich: Die Wissenschaftlerin Dr. Nicole von Steinbüchel hatte bei Aphasikern lediglich durch verbales Bestätigen der Richtigkeit ihrer Antworten beim Messen der Ordnungsschwelle über acht Wochen mit je einer Wochenstunde bewirkt, daß deren Ordnungsschwelle – im Gegensatz zu zwei auf andere Weise trainierenden Kontrollgruppen – sich praktisch auf die Werte von Gesunden verbesserte und ihre Unterscheidungsfähigkeit beim Umgang mit Sprache sich ebenfalls deutlich verbesserte.

Nun ließe sich natürlich einwenden, daß diese Aphasiker ja mit an Sicherheit grenzender Wahrscheinlichkeit vor ihrem linksseitigen Gehirnschlag eine "normale" Ordnungsschwelle besessen hätten und dieses Training somit nur den ursprünglichen Zustand wiederhergestellt haben dürfte. Daraus den Schluß zu ziehen, daß die Ordnungsschwelle generell trainierbar, also systematisch zu verbessern sei, könnte demnach recht leichtfertig sein.

Aber denken wir auch an das Kapitel über die Kinesiologie zurück: Dort haben wir erfahren, daß die Sonderschullehrerin Hilde Siewers mit kinesiologischen Übungen bei zwei Kindern nachweislich, wenn auch indirekt, die Ordnungsschwelle ganz erheblich verbessert hat, und zwar mit erfreulichen Auswirkungen auf die gesamte Persönlichkeit und vor allem auf das Lernverhalten dieser Kinder. Aber auch hier könnte man einwenden, daß eben nicht die Ordnungsschwelle, sondern wahrscheinlich die Koordination der beiden Hirnhälften trainiert worden sei, so daß die Verbesserung der Ordnungsschwellen eher ein zufälliger, wenn auch nützlicher Nebeneffekt gewesen sei.

Deshalb wird es uns wohl nicht erspart bleiben, zur Beantwortung der Frage, ob sich die Ordnungsschwelle selbst systematisch verbessern läßt, zunächst Überlegungen zu einer geeigneten Methode anzustellen, diese Methode anzuwenden und dann die Ergebnisse zu messen. Dies alles ist geschehen –

zumindest für den Bereich der, wie wir im Verlaufe dieses Buches erfahren haben, besonders wichtigen auditiven Ordnungsschwelle. Und zwar mit einem Kunstgriff, den Sie verstehen werden, wenn Sie das folgende Kapitel gründlich durchlesen.

Der raffinierte Kunstgriff: Das Sehen trainiert das Hören

Dieser Kunstgriff muß zuvor ein bißchen erläutert werden. Frau Professor v. Steinbüchel hatte den Aphasikern lediglich bei jedem neuen Klickpärchen zum Messen ihrer Ordnungsschwellen die Richtigkeit ihrer Entscheidung sofort bestätigt. Sie erinnern sich, daß diese Rückmeldung in Anlehnung an die Untersuchungen erfolgte, die schon Jahrzehnte zuvor der amerikanische Verhaltensforscher Professor Skinner angestellt hatte und in denen er festgestellt hatte, daß beim Lernen von neuem Verhalten das "Reenforcement", die Rückbestätigung, immer dann besonders wirksam ist, wenn der Lernende die Richtigkeit seiner Antwort innerhalb von längstens 0,5 Sekunden bestätigt oder verworfen bekommt.

Nirgends steht aber geschrieben, daß diese Rückmeldung nicht noch wesentlich schneller erfolgen darf. Nach Professor Skinner müßte der Lernerfolg sogar um so besser sein, je schneller die Rückmeldung möglich ist. Und genau da setzt das Trainingsverfahren ein, das Sie nun kennenlernen sollen:

Die auditiven und die visuellen Reize, also die hörbaren Klicks und die sichtbaren Lichtblitze, werden dem Trainingswilligen synchron angeboten.

Das bedeutet, daß zum Trainieren der Ordnungsschwelle mit einem geeigneten Gerät der Trainingswillige einen Kopfhörer aufsetzt, wie er es von der Messung der auditiven Ordnungsschwelle gewohnt ist, und sich außerdem auf das Anschauen der beiden Leuchtdioden an dem Trainingsgerät konzentriert. Sobald er im Kopfhörer das erste Klickpärchen hört, sieht er genau gleichzeitig – und zwar selbstverständlich in derselben Reihenfolge – die beiden Leuchtdioden aufblitzen. Genau gleichzeitig? Elektronisch trifft diese Aussage zu, weil das erste Kopfhörersystem und die erste Leuchtdiode ihre Impulse quarzgenau ebenso synchron zugeführt bekommen wie danach das zweite Kopfhörersystem und die zweite Leuchtdiode. Aber da drinnen in unserem Gehirn sieht es anders aus:

Wir wissen aus der Neurophysiologie, daß die Auswertung eines visuellen Reizes bei fast allen Menschen etwa 40 Millisekunden länger dauert als die

Auswertung eines auditiven Reizes. "In echt" nimmt das Gehirn also *erst* die Klicks und *dann* die Lichtblitze wahr. Das bedeutet aber schlicht für unsere aufeinanderfolgenden auditiven Klicks und visuellen Blitze, daß die Blitze jeweils das gewünschte "Reenforcement", die Verstärkung der Klicks, bewirken! Diese Idee, das sollte hier vorsorglich angemerkt werden, wurde durch das Deutsche Patent 43 18 336 vom 1. Juni 1994 geschützt. Nach diesem Schutzrecht arbeiten alle Geräte, die im folgenden beschrieben werden.

Zitieren wir zu dieser Erscheinung der unterschiedlichen "Laufzeiten" von Informationen im Hör- und im Sehbereich noch einmal Professor Ernst Pöppel aus seinem schon erwähnten Buche "Grenzen des Bewußtseins":

"Der Grund für die längere optische Reaktionszeit ist darin zu sehen, daß die Umwandlung von Lichtenergie in die Sprache des Gehirns mehr Zeit beansprucht ... Dieser langsamere Umwandlungsprozeß führt notwendigerweise dazu, daß unser Sehen immer hinterherhinkt. Das kann man wortwörtlich nehmen: Wenn von einem Objekt ein Ton und ein Licht ausgehen, wobei das Objekt allerdings nicht zu weit von uns entfernt sein darf, damit die Schallgeschwindigkeit keine Rolle spielt, dann kommen die beiden Signale zu unterschiedlichen Zeiten in unserem Gehirn an, erst der Ton und dann das Licht. Objektiv gleichzeitige Ereignisse sind subjektiv also gegeneinander verschoben wegen des unterschiedlichen Zeitverhaltens unserer Sinnesorgane."

Schauen wir uns und hören wir uns nun also – im sicheren Wissen um den neurologischen Hintergrund – an, wie die beschriebenen Geräte zusätzlich das Trainieren der Ordnungsschwelle entsprechend der obigen grundsätzlichen Erklärung praktisch umsetzen.

Der *Brain*-Boy mißt *und* trainiert die Ordnungsschwelle

Vor einiger Zeit kam wieder auf Empfehlung einer Therapeutin eine ganze Familie, bestehend aus Vater, Mutter und zwei Söhnen, zur Diagnose der zentralen Hörverarbeitung der beiden Söhne zu mir, weil diese beide starke Lese-Rechtschreib-Probleme hatten. Die beiden Söhne zeigten in allen Einzelheiten des Testablaufs die für legasthene Schüler typischen Merkmale einer beeinträchtigten zentralen Hörverarbeitung. Zum Abschluß stellte ich bei beiden auch die Ordnungsschwellen im Hör- und im Sehbereich fest. Der eine wies erwartungsgemäß den typisch verlangsamten auditiven Wert von 100 Millisekunden auf, während er visuell – wie die meisten Legastheniker – bei 50 Millisekunden lag. Sein etwas älterer Bruder dagegen glänzte mit auditiv 50 und visuell 30 Millisekunden. Das paßte überhaupt nicht ins Bild seiner anderen Ergebnisse, wie ich nachdenklich feststellte. Da platzte es aus ihm heraus: "Wieso, *ich* übe bei meiner Therapeutin doch schon seit fünf Wochen mit dem *Brain*-Boy! Im Anfang hatte ich genau die gleichen Werte wie mein Bruder, aber es wurde jedesmal etwas schneller . . . "

Sie haben ja schon einiges über den *Brain*-Boy erfahren. Hier kommt nun die angekündigte Umsetzung des im vorigen Kapitel theoretisch beschriebenen, patentierten Verfahrens, die auditive Ordnungsschwelle mit Hilfe der visuellen Ordnungsschwelle zu verbessern. Wenn Sie also regelmäßig mit dem *Brain*-Boy spielen, ja richtig: *spielen,* wird Ihr Gehirn, in dem Maße leichter und schneller für Sie arbeiten, wie sich Ihre Ordnungsschwelle durch das Training verkürzt. Auch die weitere Bedienung ist ganz einfach: Diesmal stecken Sie den Kopfhörerstecker in die linke Buchse oben am *Brain*-Boy mit dem AUGE+OHR-Symbol. Dadurch werden anschließend – wie schon angekündigt – sowohl die Klicks im Kopfhörer zu hören als auch die roten Leuchtpunkte zu sehen sein. Also kann es weitergehen:

Sie drücken erneut auf die rote Taste zwischen den beiden grauen Tasten am *Brain*-Boy. Solange Sie diese Taste gedrückt halten, leuchtet der grüne Punkt bei der Zahl 100 Millisekunden auf. Kurz nachdem Sie sie loslassen, sehen Sie oben am *Brain*-Boy links und rechts dicht nacheinander die beiden roten Lichtpunkte aufblitzen und hören *zugleich* die beiden Klicks im linken und im rechten Ohr. Lichtpunkte und Klicks passen also immer zueinander, das heißt wenn der erste Klick von links kommt, erscheint auch der erste Lichtblitz links. Daraufhin drücken Sie in aller Ruhe die graue Taste auf der Seite, wo Sie den ersten roten Punkt haben aufblitzen sehen und den ersten Klick gehört haben. Es kommt also wieder nicht darauf an, wie schnell Sie die Taste drücken, sondern Sie haben soviel Zeit zum Überlegen, wie Sie möchten. Haben Sie die richtige Taste gedrückt, leuchtet einer der fünfzehn grünen Punkte auf. Wenn Sie viermal die Reihenfolge der beiden Lichtblitze und Klicks richtig erkannt haben, schaltet der *Brain*-Boy wieder auf die nächstschnellere Stufe. Wenn Sie einmal die Reihenfolge nicht richtig erkannt haben, schaltet der *Brain*-Boy auf eine langsamere Stufe. Nach einiger Zeit werden Sie wahrscheinlich feststellen, daß Sie mit diesem kombinierten Training bessere Werte erreicht haben als bei Ohr oder Auge getrennt. Dann können Sie wieder probieren, ob nun das Ohr allein oder das Auge allein von diesem Training etwas gelernt hat, indem Sie erneut Ihre auditive bzw. Ihre visuelle Ordnungs-schwelle messen. Viel Spaß dabei! (Übrigens: Wenn Sie dabei tatsächlich einmal unter 10 Millisekunden kommen sollten, springt der *Brain*-Boy auf die 100-Millise-kunden-Marke. Falls Sie dagegen im Anfang auch einmal über 150 Millisekunden kommen, schaltet der *Brain*-Boy erstmal ab. Sie drücken dann einfach neu die rote Taste und fangen wieder bei 100 an.)

So, das war alles, was Sie über den *Brain*-Boy wissen müssen. Als ich ihn un-längst in einer dritten Grundschulklasse vorstellen durfte, kamen anschließend mehrere Kinder auf mich zu und tönten im Chor "Biete Game-Boy, suche *Brain*-Boy". Sie hatten offenbar rasch erkannt, daß der *Brain*-Boy im Gegensatz zu den verbreiteten Videospielen wirklich eine basale Hirnfunktion, nämlich die Ordnungs-schwelle, trainiert und fit erhält.

Der *Brain*-Boy ist grundsätzlich auch für das im Kapitel 5 angedachte Training geeignet. Allerdings ist der *Brain*-Boy nicht mit hinreichender Sicherheit für Au-tisten verwendbar, weil er in seiner Standardausführung auf die typischen anfäng-lichen Ordnungsschwellenwerte von Legasthenikern von 100 bis 150 Millisekun-den ausgelegt ist. Aus diesem Grunde und auch für andere Fälle mit stark verlang-samter Ordnungsschwelle ist eine Sonderausführung mit einem Ausgangswert von 200 Millisekunden und einem Höchstwert von 300 Millisekunden entstanden. Die Stufung von einem Schritt zum nächsten veränderte sich dadurch auf 20 Milli-sekunden. (Siehe im Bezugsquellennachweis.)

Aber es geht noch weiter: Die Zahl der Fälle, in denen eifrig Trainierende den unteren Endwert der Normalausführung des *Brain*-Boy von 10 Millisekunden er-reichten, hat ständig zugenommen. Insbesondere Manager haben festgestellt, daß ein Training der Ordnungsschwelle oft schlafende Energiereserven freisetzt, ohne dem Körper zu schaden. Deshalb wurde nun zusätzlich eine weitere Sonder-ausführung des *Brain*-Boy geschaffen, deren Ausgangswert bei 50 Millisekunden und deren Höchstwert 75 Millisekunden liegt, so daß die Unterteilung nicht in Stufen von 10 Millisekunden, sondern – feiner unterteilt – bei 5 Millisekunden liegt. Auch dieses Gerät ist inzwischen serienmäßig verfügbar.

Auch die großen Geräte trainieren die Ordnungsschwelle

Keine Frage, daß die beiden größeren Geräte ebenfalls das Trainieren der Ordnungsschwelle erlauben. Der Ablauf ist dabei ganz ähnlich, wie er eben beim *Brain*-Boy beschrieben wurde. Allerdings haben die größeren Geräte einige Vorteile, die nicht unerwähnt bleiben sollen:

Zum ersten kann der Trainierende, sobald er den typischen Wert seiner Ordnungsschwelle kennt, den Ausgangswert vor Beginn des Trainings etwas oberhalb dieses typischen Wertes einstellen, so daß er den echten Trainingsbereich schneller erreicht. Zum zweiten ist die Abstufung auf eine Millisekunde genau natürlich für solche Trainierende, die sich schon den Bereich unter 20 Millisekunden erschlossen haben, besonders reizvoll. Dabei gleich ein vorsorglicher Hinweis für diejenigen – und die gibt es schon! –, die in den Bereich von 5 Millisekunden vorstoßen: Ist dieser Wert erreicht, so scheinen die letzten Stufen bis 0 Millisekunden fast von selbst und ohne Mühe zu laufen. Dies hat aber nichts mehr mit der Ordnungsschwelle zu tun, sondern hier dürfte ein anderer Mechanismus einsetzen, der noch nicht völlig geklärt ist. Bei der professionellen Ausführung (Seite 96) kommt ein weiterer Vorteil hinzu, und zwar die an sich schon bekannte Möglichkeit des Anschlusses abgesetzter, weit auseinanderliegender Tasten zur Bestätigung, ob der erste Sinnesreiz von links oder von rechts wahrgenommen wurde. Gerade bei Kindern mit stark verlangsamter Ordnungsschwelle ist nämlich oft die Rechts-links-Orientierung ebenfalls beeinträchtigt, so daß diese abgesetzten Tasten das Übermitteln der Antworten an das Gerät sehr erleichtern.

Als weiterer Vorteil der professionellen Ausführung auch für die Trainingsphase erweist sich die variable Schrittweite bei solchen Kindern, deren typische Ordnungsschwellenwerte nicht bekannt sind oder stark schwanken: Der Therapeut kann durchaus mit einem hinreichend sicheren, hohen Wert beginnen, weil ja die Schrittweite von dem gerade laufenden Bereich abhängig ist (Seite 97). Hier kommen wir auch auf das Formular von Seite 94 zurück, in dem drei Spalten, nämlich "Training", "Auditiv 2" und "Visuell 2", noch unerwähnt geblieben waren: In der Spalte "Training" werden die Werte eingetragen, die sich bei dem zuvor ausführlich beschriebenen Training unter *gleichzeitiger* Benutzung von auditiven und visuellen Reizen ergeben haben. Danach kann das trainierende Kind je einen weiteren Durchlauf *nur auditiv* und *nur visuell* durchführen, um festzustellen, ob dieses Training bereits eine spürbare Verbesserung der Werte in den beiden Spalten "Auditiv 1" und "Visuell 1" erbracht hat.

9. Was könnte uns die Ordnungsschwelle in Zukunft noch bringen?

Bis hierher haben Sie als Leser einen Eindruck davon gewonnen, welche Bedeutung die Ordnungsschwelle schon jetzt für die zeitliche Verarbeitung vor allem von visuellen und auditiven Sinnesreizen hat. Tausende von Menschen benutzen zum Zeitpunkt des Erscheinens dieses Buches bereits eine der beschriebenen Trainingsmöglichkeiten für die Ordnungsschwelle. Ihre Zahl dürfte mit der zunehmenden Verbreitung des Gedankens der Ordnungsschwelle und des Bewußtseins ihrer Bedeutung weiter mindestens stetig, vielleicht sogar sprunghaft anwachsen.

Darüber hinaus werden sich gewiß unsere Wissenschaftler und hoffentlich auch unsere Politiker künftig intensiver als bisher mit weiteren Auswirkungen der Reizüberflutung und den Möglichkeiten befassen, diese Auswirkungen durch eine umfänglichere Aufklärung der Öffentlichkeit und – nicht zuletzt – beispielsweise durch ein frühzeitiges Training der Ordnungsschwelle zu mildern oder vollständig abzufangen.

Erste Schritte in dieser Richtung sind schon unternommen worden. Eine Schule für sprachbehinderte Kinder hat zunächst durch Messungen bestätigt gefunden, daß fast ausnahmslos alle Schüler eine erheblich verlangsamte Ordnungsschwelle hatten. Der Weg der Genehmigung durch die Schulaufsichtsbehörden für die Anschaffung von Trainingsgeräten, wie sie in diesem Buch beschrieben wurden, war dornenreich und langwierig, während die Geldmittel erfreulicherweise durch den Elternförderverein spontan zur Verfügung gestellt wurden. Erste Erfolge eines beschleunigten Aufbaues der Sprache bei den betroffenen Kindern wurden mir bereits gemeldet. Vielleicht werden wir eines Tages ein allgemeines Unterrichtsfach haben: "Gehirnjogging durch Ordnungsschwellentraining" ...

Bei künftigen Führerscheinprüfungen könnten eine auditive und eine visuelle Ordnungsschwellenmessung im wohlverstandenen Interesse der Bewerber sein, um die Unfallhäufigkeit in der Bundesrepublik zu verringern. Die normale Sehprüfung gehört ja ohnehin dazu. Jemand könnte einwenden, daß doch nach den Erläuterungen dieses Buches die Ordnungsschwelle situationsabhängig sei, unter dem Streß der Führerscheinprüfung also vielleicht ungebührlich ansteigen könnte. Dem kann ich gut entgegenhalten, daß der Streß einer unerwarteten Verkehrssituation nach meinen Erfahrungen deutlich größer sein kann als der Streß in der Führerscheinprüfung! Wer also bei der Führerscheinprüfung eine zu langsame Ordnungsschwelle zeigt, dürfte auch in echten Verkehrssituationen in ähnlicher Weise reagieren.

Ein Gebiet, auf dem ich selbst in Zukunft verstärkt arbeiten und von dem ich vielleicht in einer weiteren Auflage dieses Buches berichten werde, ist die Verknüpfung der Ordnungsschwelle mit der Motorik, also Bewegungen der Hände, der Füße und des Körpers als *Reaktion auf Sinnesreize* im Hör und im Sehbereich. Hier gibt es ansatzweise Untersuchungen vor allem in den USA, die darauf hindeuten, daß Menschen mit verlangsamter Ordnungsschwelle auch in ihrer Motorik verlangsamt sind. Aber auch diese Untersuchungen erschöpfen sich in der Feststellung der Defizite, der Beeinträchtigungen der betroffenen Menschen, vor allem leider wieder Kinder. Mein Ziel ist es aber hier ebenfalls, ihnen durch geeignete Trainingsmaßnahmen abzuhelfen.

Abschließend möchte ich meine schon einmal geäußerte Bitte an alle Leser wiederholen, mir von ihren Erfahrungen mit der Ordnungsschwelle zu berichten. Das gilt nicht nur für Wissenschaftler und Therapeuten, sondern auch, ja ganz besonders für "normale" Alltagsmenschen, denen das Training ihrer Ordnungs-schwelle wichtig ist und in einer Weise geholfen hat, die mir bisher vielleicht noch nicht bekannt war. Dafür danke ich Ihnen im voraus!

Anhang

Weiterführende Literatur

Badian, N. A.; Wolff, P. H.: *Manual asymmetries of motor sequencing in boys with reading disability*, CORTEX, 13 (4) (1977, Dec.), S. 343-349; IMD=7806

Dennison, P., E.: *Brain-Gym®*, Verlag für Angewandte Kinesiologie, Freiburg, 1990

Ilmberger, J.: *Auditory Excitability Cycles in Choice Reaction Time and Order Threshold*, NATURWISSENSCHAFTEN 73 (1986), S. 743-744 ,

Kegel, G.: *Olaf – Kind ohne Sprache*, Westdeutscher Verlag, 1991

Klicpera, C.; Wolff, P. H.; Drake, C.: *Bimanual coordination in adolescent boys with reading retardation*, DEVELOPMENTAL MEDICINE AND CHILD NEUROLOGY, 23 (5) (1981), S. 617-625; IMD=8202

Pöppel, E.: *Grenzen des Bewußtseins*, DVA, Stuttgart, 1985

Schulz, M.: *Ordnungsschwelle und Lese-Rechtschreib-Schwäche*, Diplomarbeit an der Fachhochschule Hannover, 1994

Siewers, H.: *Meßbare Erfolge durch kinesiologische Übungen*, in: praxis ergotherapie, Jg. 7 (2) (April 1994), S. 91-93

Steinbüchel, N. v.; Ilmberger, J.; Pöppel, E.: *Selective Improvement of Auditory Order Threshold in Aphasic Patients*, INTERNATIONAL JOURNAL OF PSYCHOPHYSIOLOGY 11, , S. 78, 1991

Tallal, P.; Sainburg, R. L.; Jernigan, T.: *The Neuropathology of Developmental Dysphasia: Behavioral, Morphological and Physiological Evidence for a Pervasive Temporal Processing Disorder*, READING AND WRITING 3, 1991

Tallal, P. (Hrsg.): *Temporal Processing in the Nervous System – Special Reference to Dyslexia and Dysphasia*, Annals of the New York Academy of Sciences, Volume 682, 1993

Veit, S.: *Sprachentwicklung, Sprachauffälligkeit und Zeitverarbeitung – eine Longitudinalstudie*, Dissertation an der Ludwig-Maximilian-Universität zu München, 1992

Warnke, F: *Was Hänschen nicht hört ...*, Verlag für Angewandte Kinesiologie, Freiburg, 1992

ders.: CD "Dyslexie und Hör-Lateralität", Verlag für Angewandte Kinesiologie, Freiburg, 1992

Wolff, P. H.; Cohen, C.; Drake, C.: *Impaired motor timing control in specific reading redardation*, NEUROPSYCHOLOGIA; 22 (5) (1984), S. 587-600; IMD=8503

Patentschriften:

Deutsches Bundespatent 39 39 401, Anmeldung 29.11.1989, Erteilung 25.04.91, "Vorrichtung zur Verbesserung der Hirn-Hemisphären-Koordination"

Deutsches Bundespatent 43 18 336, Anmeldung 02.06.1993, Erteilung 01.06.94, "Verfahren und Vorrrichtung zum Training der menschlichen Ordnungsschwelle"

Bezugsquellennachweis

Informationsmaterial zu den in diesem Buch erwähnten Geräten ist erhältlich bei:

OTT 2000	Brain-Boy	OAV18/ OAV18C	Informationsquelle:
	X	X	electronic-concept, Gartenstraße 15, 79541 Hauingen, Tel.: 0 76 21 - 59 11 56
X	X		Elektronik-Literatur-Verlag, Postfach 1000, 26787 Leer, Tel.: 04 91 - 60 08 88
X	X	X	Warnke Elektronik Vertrieb, Im Tannengrund 28, 30900 Wedemark, Tel.: 0 51 30 - 7 97 70

Über den Autor

Fred Warnke hat sich seit mehr als zwei Jahrzehnten teils hauptberuflich, teils nebenberuflich mit Hör- und Sprechproblemen befaßt. Wichtige Schritte auf diesem Weg waren die Integration von vielen tausend hörbehinderten Schülern in Regelschulen mittels drahtloser Technik, die Infrarotübertragung des Fernsehtons für Menschen mit Hörproblemen, drahtlose Anlagen zur besseren Kommunikation in Sonderschulen für Hörbehinderte, apparative Hilfen zur Linderung von Ohrgeräuschen sowie ein neuartiges Verfahren zur Stotterertherapie.

Maggie la Tourelle/Anthea Courtenay:

Was ist Angewandte Kinesiologie?

Was kann die Angewandte Kinesiologie bewirken, und wann kann sie eingesetzt werden? Wie funktioniert das Muskeltesten, und wie werden Energieblockaden korrigiert?

Dieser einführende Überblick wendet sich an alle, die sich für ganzheitliche Problembearbeitung und natürliche Heilverfahren interessieren – ob für berufliche Zwecke oder zur Pflege der eigenen Gesundheit. Die Autorinnen informieren über die vielfältigen Anwendungsgebiete und Richtungen der Angewandten Kinesiologie, erläutern deren Grundgedanken und Hintergründe und schildern Selbsthilfetechniken und Fallbeispiele.

2. Auflage, 188 Seiten, 5 Abbildungen, Taschenbuch,
18,– DM/18,– sFr./141,– öS,
ISBN 3-924077-44-4

Fred Warnke:

Was Hänschen nicht hört ...
Elternratgeber Lese-Rechtschreib-Schwäche

Was Hänschen nicht genau hört, kann Hänschen auch nicht richtig schreiben. Von diesem Grundgedanken ausgehend, zeigt der Autor neue Wege der Früherkennung und Überwindung der Lese-Rechtschreib-Schwäche („Legasthenie") auf. Ausführlich beschreibt er die spielerischen Test- und Trainingsverfahren, die er selbst in zwei wissenschaftlichen Versuchsreihen entwickelt hat: den Wahrnehmungs-Trennschärfe-Test, das Hochtontraining und das Hirnhälften-Koordinationstraining. Die leicht verständliche Darstellung ermöglicht es jeder Familie, diese Verfahren selbständig zu Hause anzuwenden. Dazu dienen auch:
● Übungstexte für Kinder mit 28 ganzseitigen Bildern im Anhang des Buches und
● die zusammen mit diesem Buch erschienene CD *Dyslexie und Hör-Lateralität*
    (ISBN 3-924077-43-6; 29,80 DM/sFr./268,– öS); sie enthält außer dem Früherkennungstest
    einen Fachvortrag mit zahlreichen Hörbeispielen die die Themen dieses Buches verdeutlichen.

146 Seiten (21 × 29,2 cm), 28 Illustrationen, Spiralheftung,
39,80 DM/39,80 sFr./311,– öS
ISBN 3-924077-42-8

Jerry Stocking:

Wahrnehmen, was ist.
Selbstentwicklung mit NLP

„In diesem Buch geht es um das Leben. Ihr Leben ist Ihre einzige Ressource. Worin investieren Sie Ihr Leben? In Freude und Ekstase – oder wollen Sie lieber etwas erreichen, gut aussehen? Sind Sie mehr daran interessiert, recht zu haben – oder wollen Sie einfach nur Sie selbst sein? Alles zusammen können Sie nicht haben.

Wenn Sie wirklich in der Gegenwart leben, besteht Ihr Leben aus Ihren Wahrnehmungen, Ihrer bewußten Aufmerksamkeit und Ihrer Grundeinstellung. Sie können lernen, Ihre Wahrnehmung zu schärfen, Ihre Aufmerksamkeit zu erweitern und Ihre Einstellung selbstverantwortlich zu gestalten." (Jerry Stocking)

Mit zahlreichen Geschichten, Metaphern und Übungen auf der Basis des NLP lädt der Autor Sie dazu ein, die volle Verfügung über Ihre geistigen Kräfte sowie ein Leben in Harmonie zu gewinnen: Harmonie von Wahrnehmung und Wirklichkeit, Übereinstimmung *Ihres* Wahrnehmungsfilters mit dem Ihrer Gesprächspartner, Übereinstimmung Ihres Verhaltens mit Ihren Begründungen dafür, Harmonie zwischen Ihrem Bewußtsein und Ihrem Selbst.

216 Seiten (15 × 22 cm), 36 Abbildungen, Paperback,
34,– DM/34,– sFr./265,– öS
ISBN 3-924077-54-1

Dr. Dawna Markova:

Die Entdeckung des Möglichen.
Wie unterschiedlich wir denken, lernen und kommunizieren

Dawna Markovas Entdeckungen über das Denken machen deutlich, wie verschieden Menschen Wirklichkeit wahrnehmen und ihre Wahrnehmung verarbeiten. Die Autorin geht über die gängige Unterscheidung der drei typischen Wahrnehmungskanäle (visuell, auditiv, kinästhetisch) hinaus und zeigt: Jeder benutzt alle drei Kanäle – einen auf der bewußten, einen auf der unterbewußten und einen auf der unbewußten Ebene des Geistes; je nachdem auf welcher Ebene welche Wahrnehmungsart benutzt wird, ergibt sich eine bestimmte Kombination, eines von sechs möglichen Wahrnehmungsmustern.

Das Buch verhilft Ihnen dazu, Ihr individuelles Wahrnehmungsmuster zu erkennen und bisher verborgene Fähigkeiten zu nutzen; es eröffnet außerdem ganz neue Möglichkeiten für einfühlende Verständigung mit Menschen, deren Denken Ihnen fremd ist.

237 Seiten (18 × 24,5 cm), 29 Abbildungen, Paperback,
39,80 DM/39,80 sFr./311,– öS
ISBN 3-924077-45-2